少女的手工教室

洛丽塔

饰品手作

从入门到进阶

Lolita Era 手作书　编著

人民邮电出版社
北京

图书在版编目（CIP）数据

少女的手工教室 : 洛丽塔饰品手作从入门到进阶 / Lolita Era 手作书编著. -- 北京 : 人民邮电出版社, 2021.7（2023.10重印）
ISBN 978-7-115-56673-7

Ⅰ. ①少… Ⅱ. ①L… Ⅲ. ①手工艺品－制作 Ⅳ. ①TS973.5

中国版本图书馆CIP数据核字(2021)第114264号

内容提要

蓬松的蛋糕裙、繁复的蕾丝和荷叶边，洛丽塔服饰以其精致、华丽、可爱等特点吸引了无数爱美的女孩。本书是洛丽塔手工饰品制作教程，邀请读者一起进入洛丽塔的梦幻世界。

本书分为5章，第一章是材料、工具和基础手缝技法介绍；第二章是基础款颈饰和手饰制作讲解，共7个案例；第三章是基础款头饰制作讲解，共7个案例和3个案例拓展；第四章是包括配包、胸章等在内的其他常见搭配单品的制作讲解，共4个案例和1个案例拓展；第五章是裙撑制作讲解，共2个案例。本书内容设置从易到难，案例挑选常见款、经典款饰品，以图文方式详细展示制作过程，是一本针对性强且全面的洛丽塔手作教程图书。

本书适合喜欢洛丽塔服饰和手工饰品制作的读者阅读。

◆ 编　　著　Lolita Era 手作书
　责任编辑　魏夏莹
　责任印制　周昇亮
◆ 人民邮电出版社出版发行　　北京市丰台区成寿寺路 11 号
　邮编　100164　　电子邮件　315@ptpress.com.cn
　网址　https://www.ptpress.com.cn
　涿州市般润文化传播有限公司印刷
◆ 开本：787×1092　1/16
　印张：8.5　　　　　　　　2021 年 7 月第 1 版
　字数：218 千字　　　　　 2023 年 10 月河北第 2 次印刷

定价：69.80 元

读者服务热线：(010)81055296　印装质量热线：(010)81055316
反盗版热线：(010)81055315
广告经营许可证：京东市监广登字 20170147 号

目录

Contents

第一章 手工的基础

第二章 基础款颈饰和手饰制作

第三章

基础款头饰制作

第四章

其他常见手作小物的基础制作

第五章

裙撑

第一章

手工的基础

材料和工具介绍

基础手缝技法

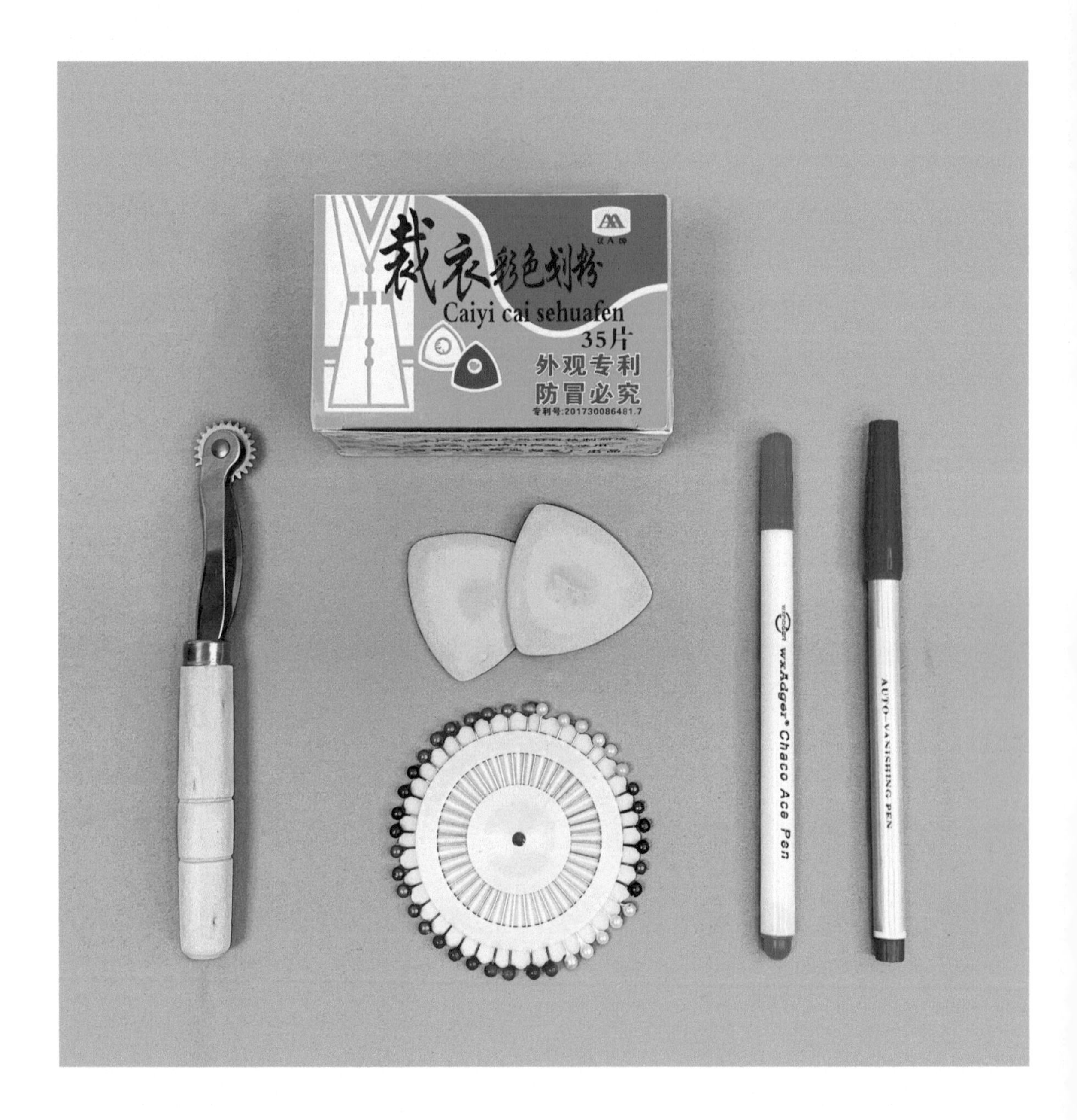
裁衣彩色划粉
Caiyi cai sehuafen
35片
外观专利
防冒必究
专利号:201730086481.7
Chaco Ace Pen
AUTO-VANISHING PEN

材料和工具介绍

标记工具

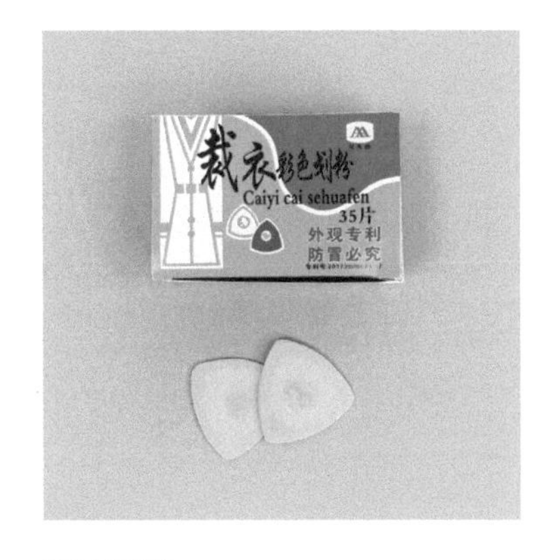

1. 划粉

大概是最便宜，也最容易购买的标记工具。一般走街串巷的小贩都有售。根据颜色的不同，划粉在布面可以留存的时间长短也有一定区别，颜色越深越持久。浅色的划粉轻拍几下就能抹掉，颜色深的水洗可去除。

使用时注意

只有用新划粉边缘画的线才比较细小。当用到划粉中间时，画线会变得很粗，用手涂抹粉也会散开，容易造成误差。同时划粉易断裂，粉尘也较多。

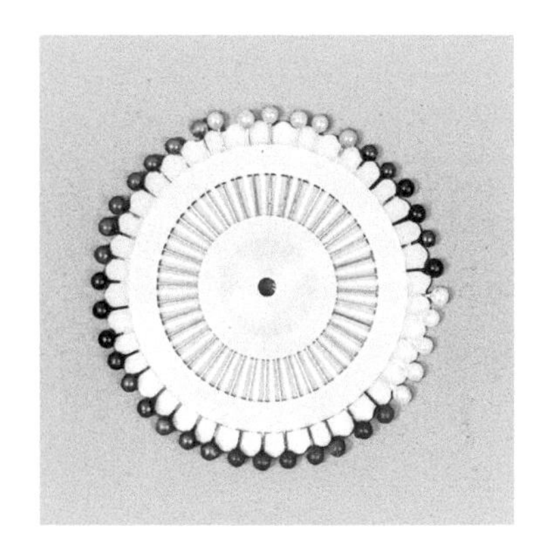

2. 大头针（珠针）

手工必备，插在布料上作标记，或用于缝纫前胚布、裁片的粗定位、固定。

使用时注意

针头小而尖，不注意容易戳到自己。

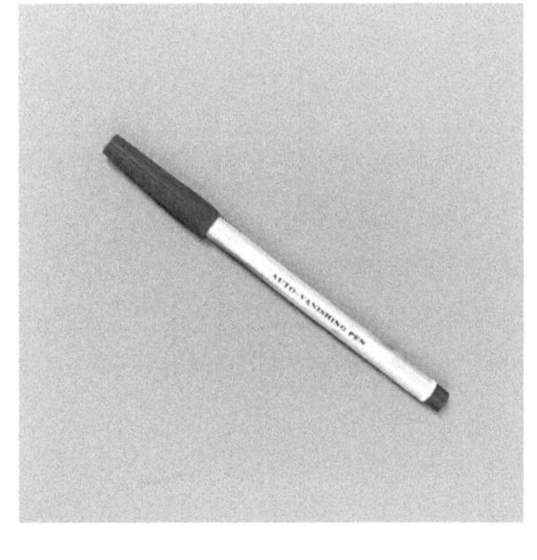

3. 水消笔（水解笔）

粗细均匀，线痕准确。笔迹遇水即消除，有各种粗细可以选择。

使用时注意

如果所有线都整条画出，一支笔很快就会用完，使用成本较高。而且必须沾水去除，不适用于不能沾水的布料。

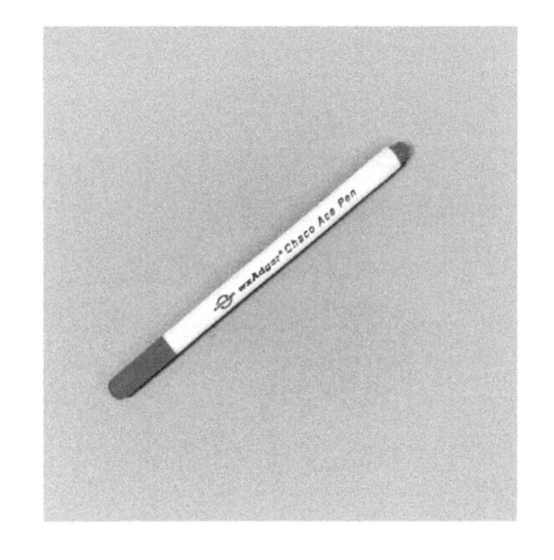

4. 气消笔

粗细均匀，线痕准确。放置一定时间笔迹就会消失，有各种粗细可以选择。

使用时注意

与水消笔一样，如果所有线都整条画出，一支笔很快就会用完，使用成本较高。天气炎热笔迹消除速度也会加快。而且在不同布料上能停留的时间相差甚远。如果制作过程耗时很长，可能还没完成记号就消失了。

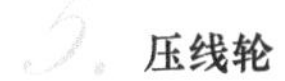

压线轮

在不织布或皮料上滚动留下齿痕做记号。

按照布→复写纸→布的顺序摆好布料后用压线轮压过，让复写纸印到布料上留下记号。

除了能留下记号，手缝的时候还可以按照压线轮扎出的步痕去缝合，线的间距会很整齐。

使用时注意

在使用复写纸配合压线轮印压痕迹在布料上时，布料容易沾到复写纸的墨迹，会比较难清理。在皮料上使用时，如果线压歪了，错的齿痕没法消除。

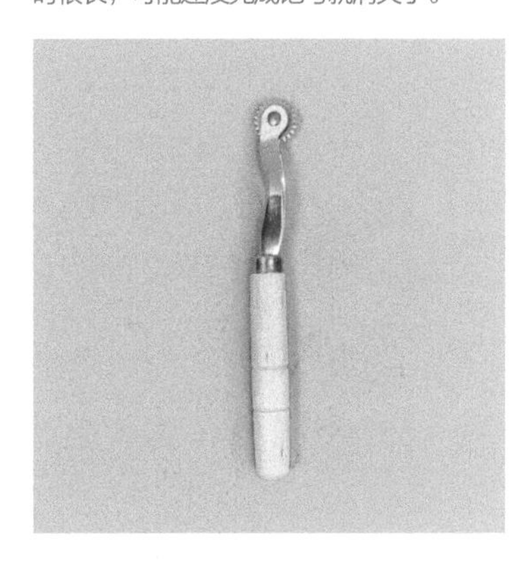

剪刀

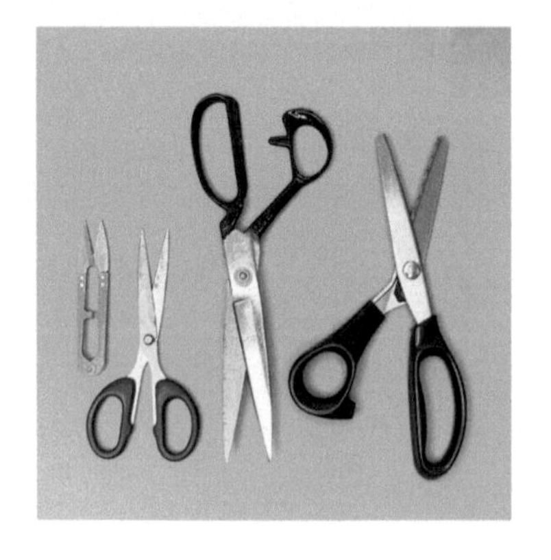

剪刀是手工制作中的常用物品，一把称手的剪刀可以陪伴我们很久。很多刚接触手工的人都只配备一把最普通的办公用手工剪刀，但其实手工剪刀也分许多种，剪不同的物品用上对应的剪刀，裁剪时会更顺手，能有效提高工作效率，同时还能延长剪刀的使用寿命。下面来介绍一下在做手工时常用到的4 种剪刀。

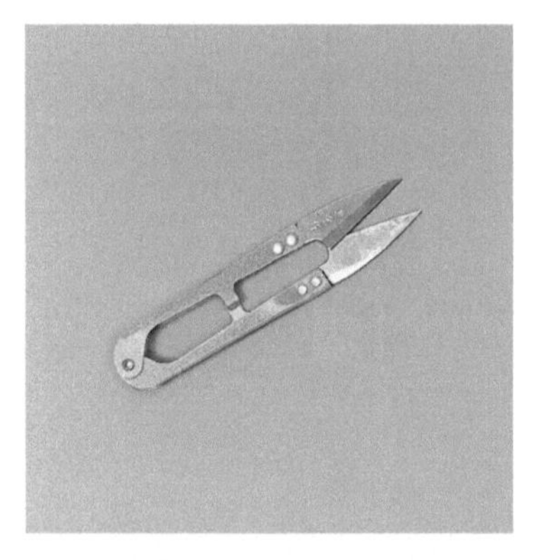

1. 线剪

用于各种刺绣、手缝和机缝时剪线，还有平时新衣服的线头修剪。

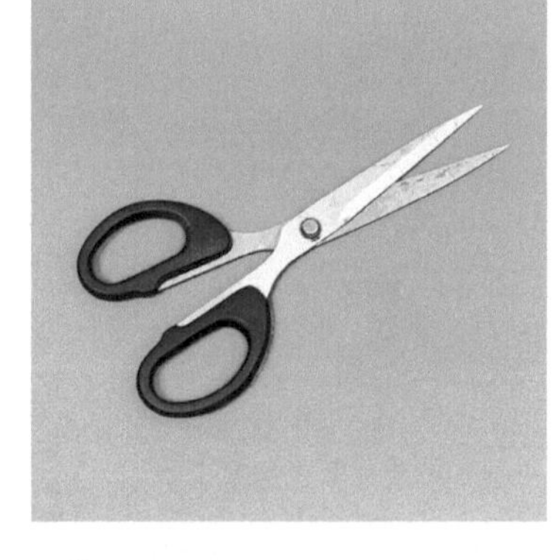

2. 手工剪

适用于裁剪各种厚薄纸张或不织布。

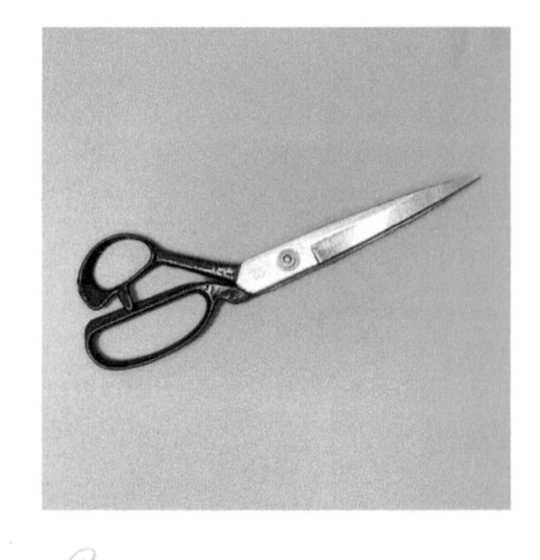

3. 布剪（裁缝剪）

裁剪各种布料和皮料，刀口较长，在剪较厚的布料时更迅速和省力，同时不容易钩布。

4. 波浪剪（布样剪、狗牙剪）

能将布料边缘修剪为小波浪或小三角的形状，让布边更美观。另外，材料的布料过窄，无法拷边或包边时，将布边修剪成三角或波浪形，能有效阻止布料边缘脱线，所以这种剪刀也常被用于剪布样。

镊子

除了以下两种镊子外，还有其他尖细形，或扁头、圆头的手工镊子，细分约有十多种。但一般不需要太多微操作的日常手工制作，以下两种足矣，所以就不一一介绍了。

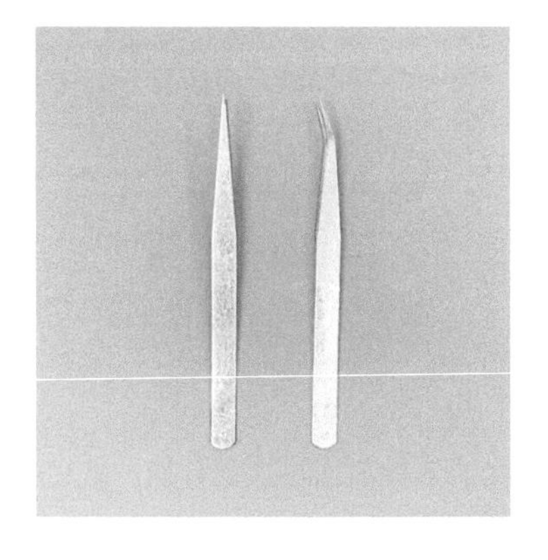

1. 标准镊子（左）

适用于手工中一些细小部件的移动和位置调整，同时也适用于移动一些脆弱，或无法直接接触的小件物品，如压花标本、烫花制作时不幸烫坏粘住烫花器的花瓣等。

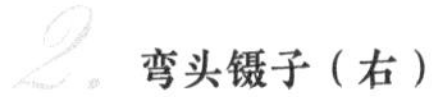

2. 弯头镊子（右）

适用于狭窄位置的小部件的移动和调整，标准镊子无法触碰到的地方就靠它了。

钳子

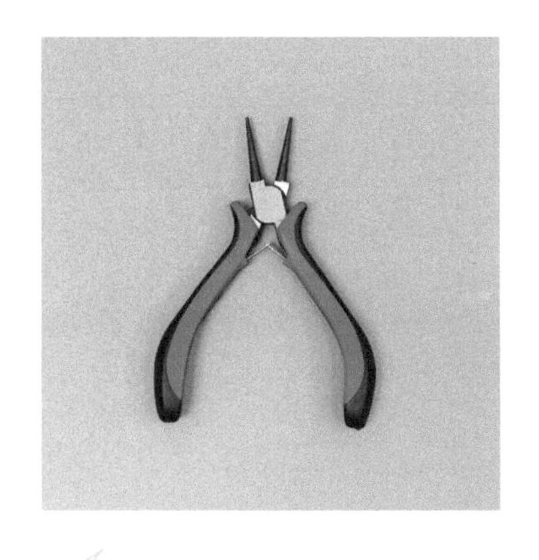

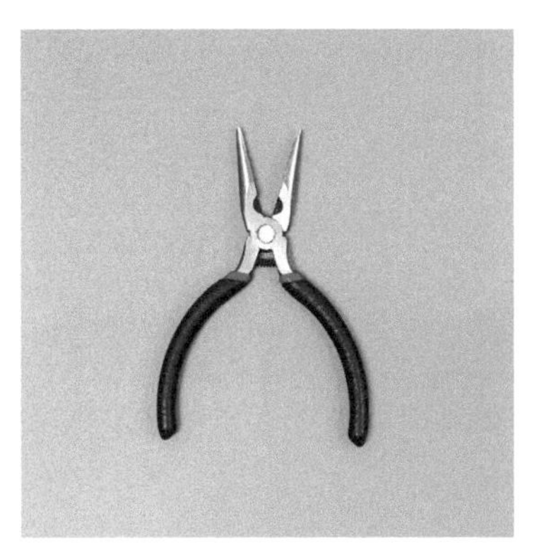

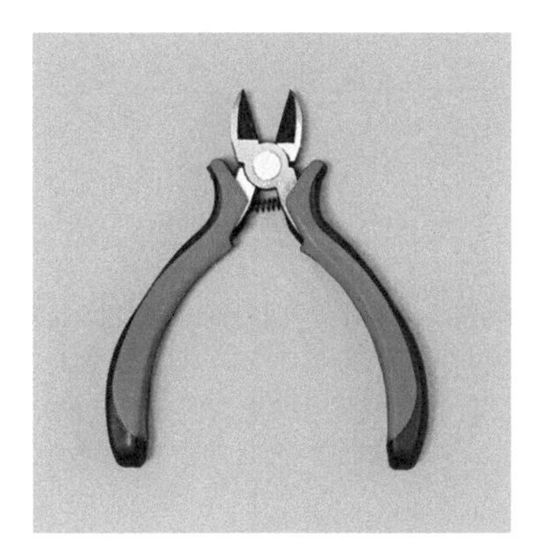

1. 圆头钳（双圆钳）

能简单地将金属条弯曲成和钳嘴不同位置、切面等大小的圆形，只要选好需要的圆形大小，将金属放到对应的钳嘴位置上，绕一圈就可以了。适用于处理穿入散珠等装饰后的9字针、T字针的针头。

2. 有齿尖嘴钳/无齿尖嘴钳

两种尖嘴钳都具有剪刀的功能，但一般只适合剪较细的金属条。两种钳子的用法和用处是基本一致的，可以夹扁金属条或拧小螺丝等，大部分情况下可通用，但比较之下有齿的尖嘴钳使用时摩擦力比无齿的大，能更好地夹紧物品，但无齿的尖嘴钳不像有齿尖嘴钳一样拧物品的时候会造成痕迹。有齿尖嘴钳更适合拧羊眼螺丝等需要大力气的操作，无齿尖嘴钳更适合夹紧定位珠子等。

3. 斜口钳/扁嘴钳/剪钳

专用于剪金属条的钳子，能轻松剪断较粗的金属线或链条，尖嘴钳无法剪的就要靠它了。

胶水

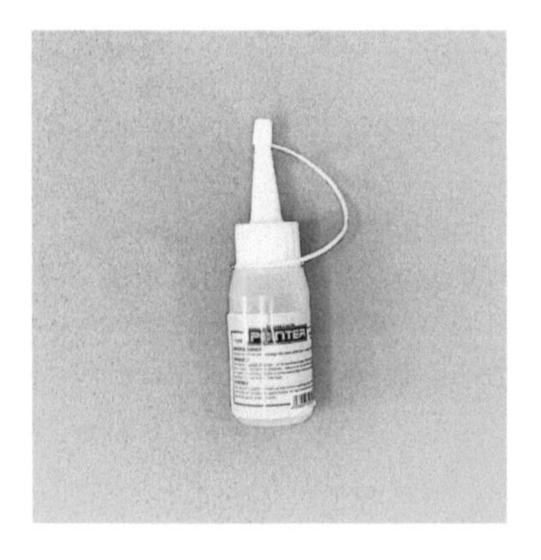

1. 布艺酒精胶水

适合布料、不织布、羊毛毡、织带、塑料、金属的粘合。

用于粘贴布料，能让布料维持柔软。彻底干燥后黏度极好，不易松开。胶水不粘皮肤，不小心粘在皮肤上，干后可以轻松剥落。不怕水但能溶于酒精，可以通过酒精擦拭拆开粘贴错误的物品。

使用时注意

需要数小时到一天左右才能干透，偶尔有拉丝情况。

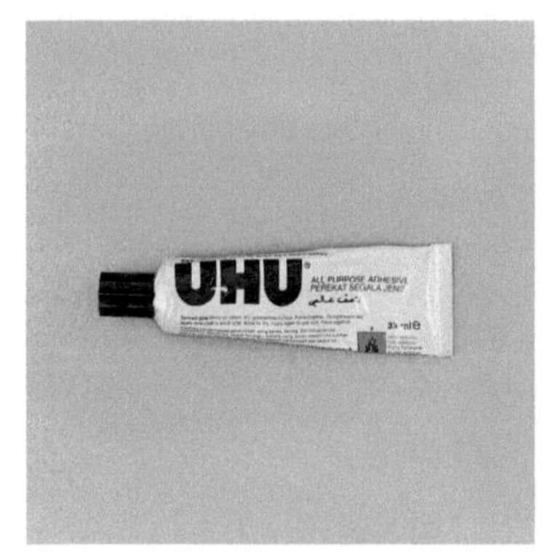

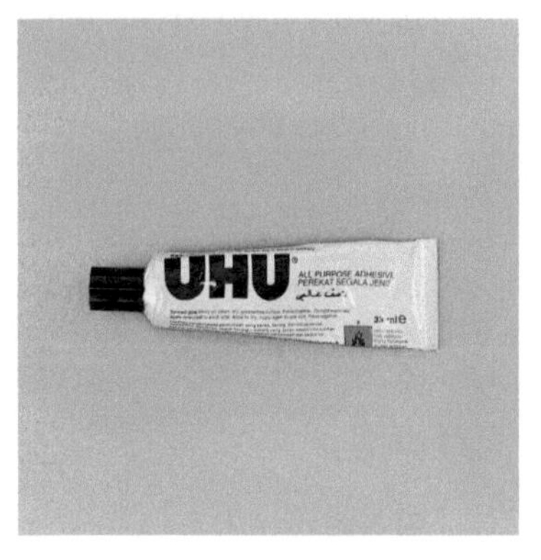

2. UHU胶水

适合塑料、金属、布料、皮革、木材、陶瓷的粘合。该胶水是真正的“万能胶”，什么都能粘，可应付高低温、紫外线、风化、湿气等特殊环境。同样溶于酒精，可以用酒精擦除粘错地方的胶水。

使用时注意

这种胶水会拉丝。

3. 手工用白乳胶

适合粘合纸制品、木制品、布料、皮革等。加水稀释可用于浆布，让布料变硬；并可用于烫花等手工作品。购买方便，大部分文具店都有售。溶于水，可以通过泡水清除。

使用时注意

干得极慢，在干透前基本没黏性，需要一直维持想要固定的状态。同时因为具有水溶性，用它粘合或浆的布不能长时间泡水，否则会散开或软掉。

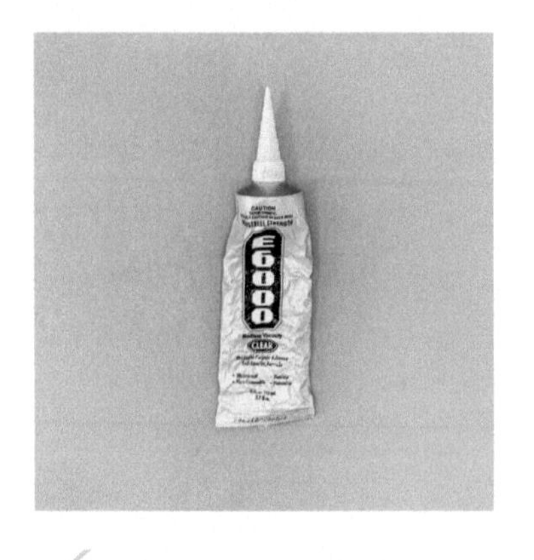

4. E6000胶水

一款全透明胶水，适合粘合塑料制品，粘合后非常牢固。5 分钟左右凝固，取下来没有残留，即使有也是一片片胶皮，可以很轻松地去掉。

使用时注意

不容易买到，且会散发出刺鼻的气味。

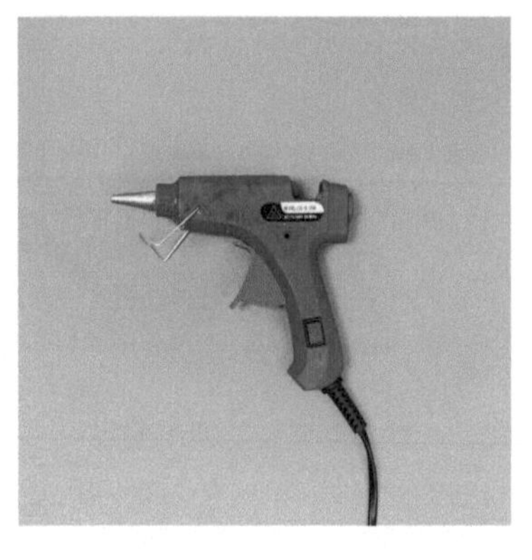

5. 热熔胶枪

适合塑料、金属、木材、纸制品、玻璃、墙体、陶瓷、布料的粘合。速干，黏性强，配合热熔胶枪可以粘到各种细小位置。

使用时注意

对操作技巧要求较高，操作不熟练很容易挤出过多的胶水，胶水过多或在胶体没有熔解到全透明状态时粘合，都会使粘合物品容易脱落。过热会熔解，不能置放在火附近或打开的电吹风旁。若用于布料，干透后会使布料变硬。

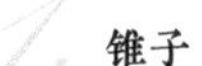

小工具

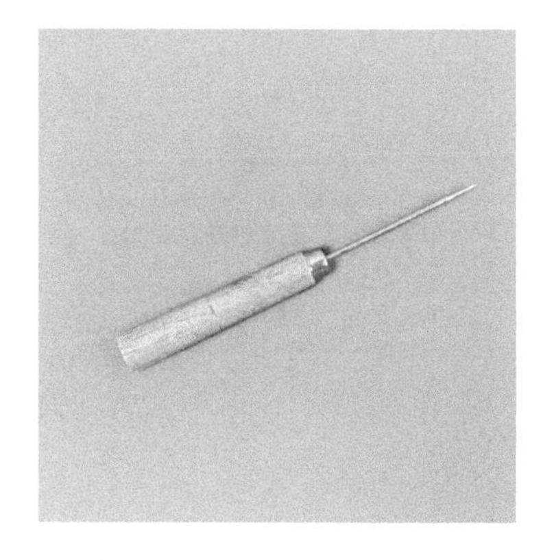

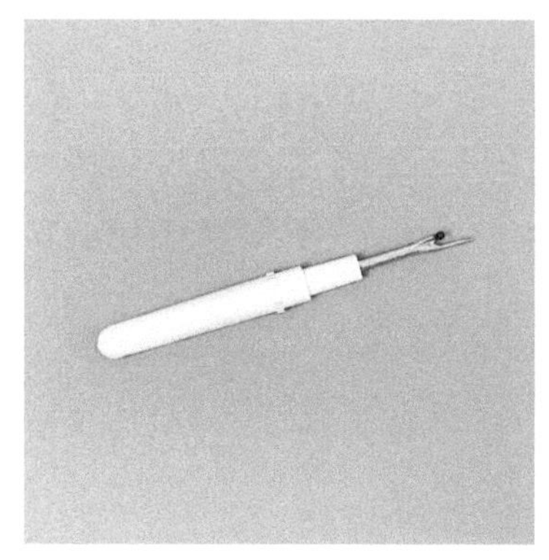

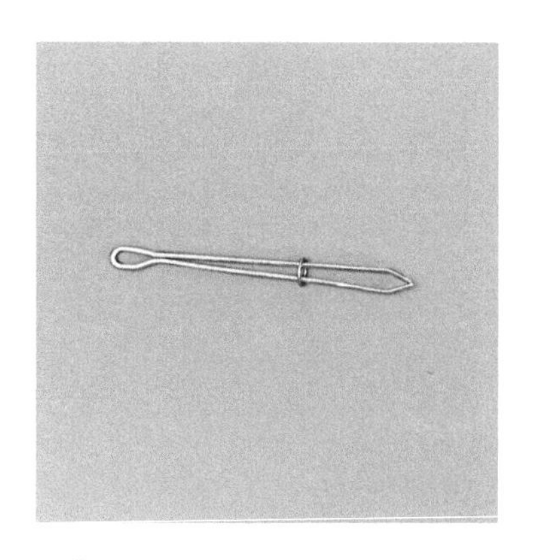

1. 锥子

手工制作必备品之一，一般可选木柄或胶柄。锥头有带钩的和尖头的两种。

常用于：

（1）布料从背面缝纫翻转回正面后，角落会因无法完全翻出而呈现弧形，这时可用锥子钩出卡在里面的部分；

（2）在用缝纫机制作不规则褶皱的蕾丝或荷叶边时，可边踩缝纫机，边用锥子将蕾丝或布料拨出褶皱蕾丝和荷叶边；

（3）代替打孔工具，用锥子戳过布料形成小孔；

（4）带钩的锥子除了上述用法外，还适用于辅助将线穿过无孔的布料，具体做法是把线钩在锥子的钩子上，用锥子穿过布料，将线带到布料的另一面。

2. 拆线器

适用于各种缝线的拆除，特别是面积较大、缝线较多的情况。

用Y形头较长的一边尖头插入布与布之间的线中，手往需要拆线的位置前进，处于Y形中央的刀刃就能把布之间的线割断，之后再把线头清理掉即可。

3. 穿绳器

移动夹子上金属圈的位置，可以夹紧夹子或放开夹子，便于将绳子或橡皮筋穿过需要的位置。

（1）对于内裤或帽子边缘等较宽的位置，穿绳器可整个放入，可以用穿绳器夹紧需要穿过的绳子的一头，然后放入开口，缓慢移动至另一边的开口后穿出。

（2）对于手袖等比较窄的、穿绳器的金属圈无法通过的位置，可直接将物品本身串在穿绳器上，再用穿绳器的夹子夹住绳子，往前推金属夹片，使物品退出穿绳器并穿过绳子。

※除了以上工具，还有部分案例中会用到其他辅助工具，这里就不一一介绍了。

基础手缝技法

打结

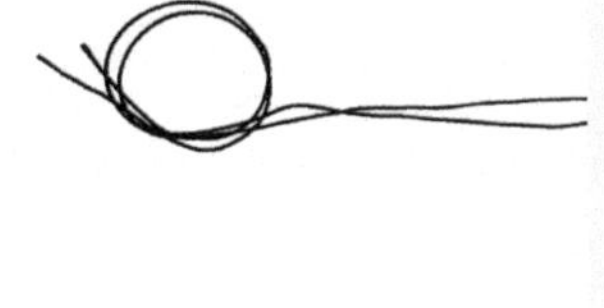

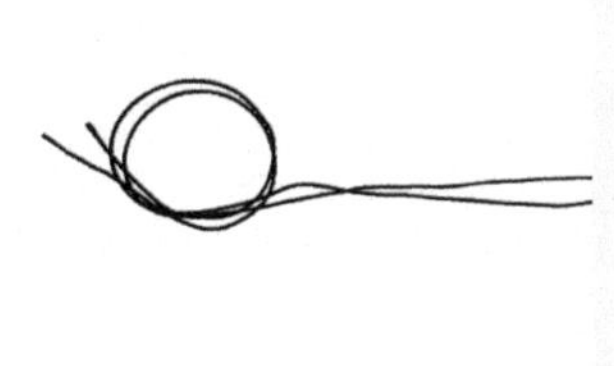

打一个活结。

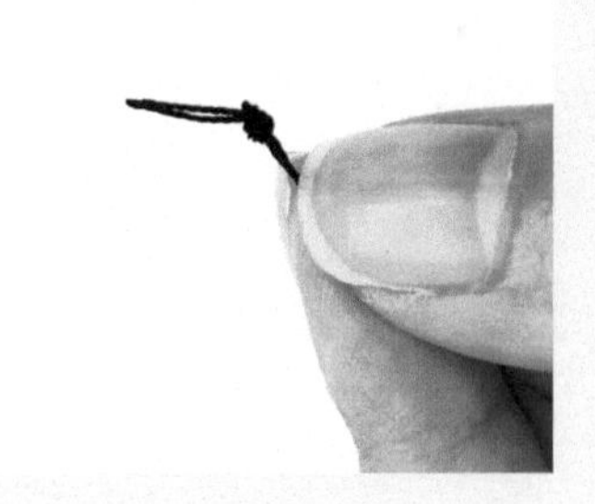

用手指单向搓揉让线卷起。

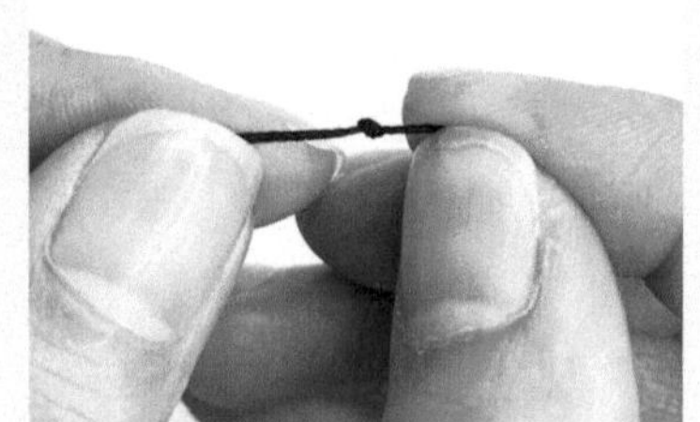

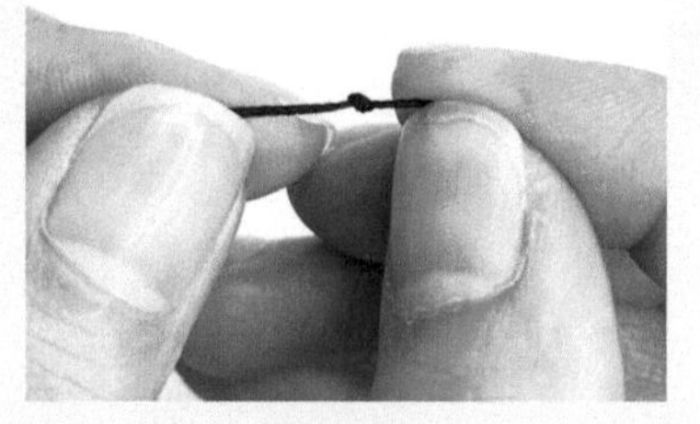

另一只手将卷起的线往外拉。

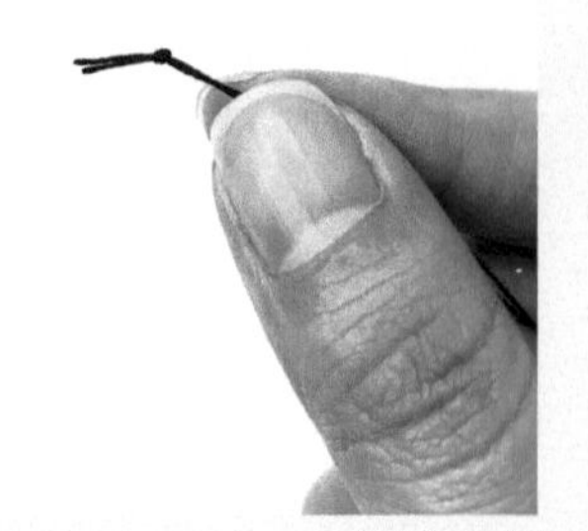

拉紧，完成。

平针缝

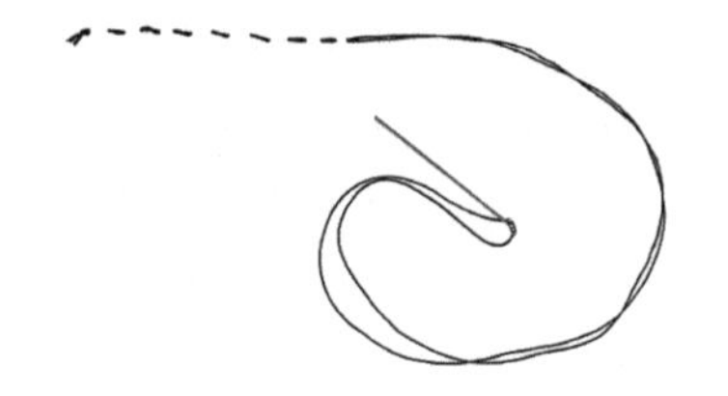

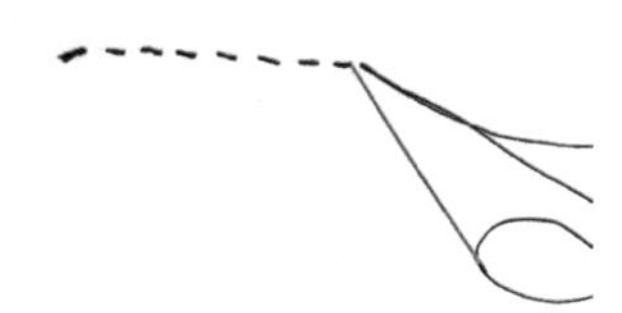

卷针缝

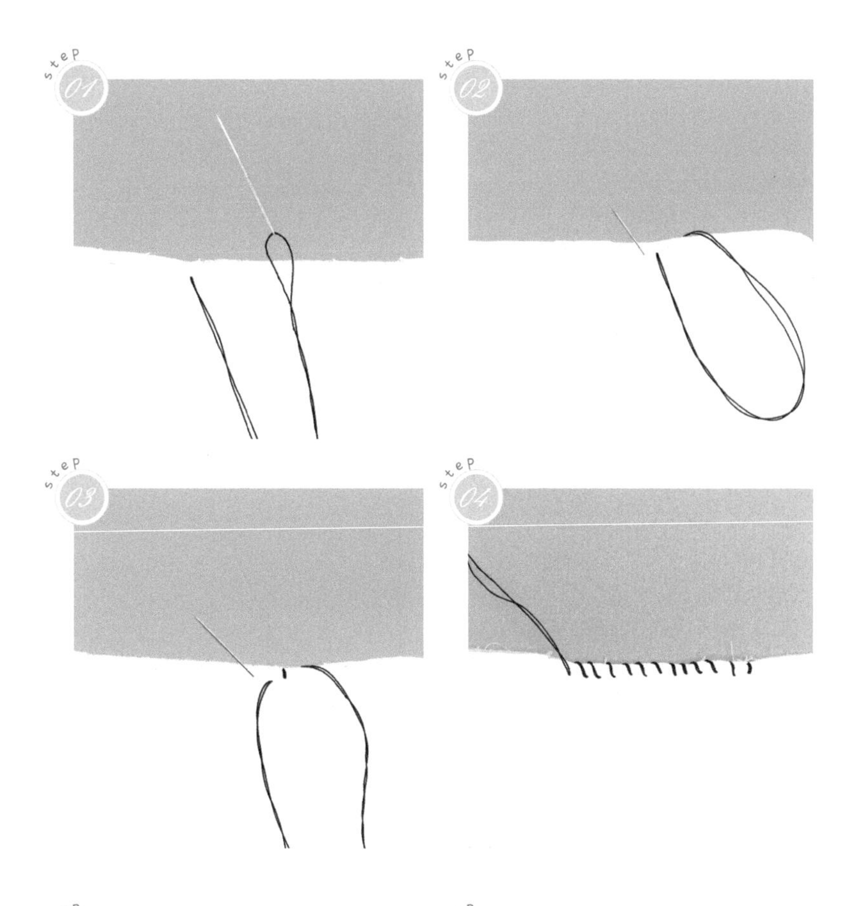

包边缝

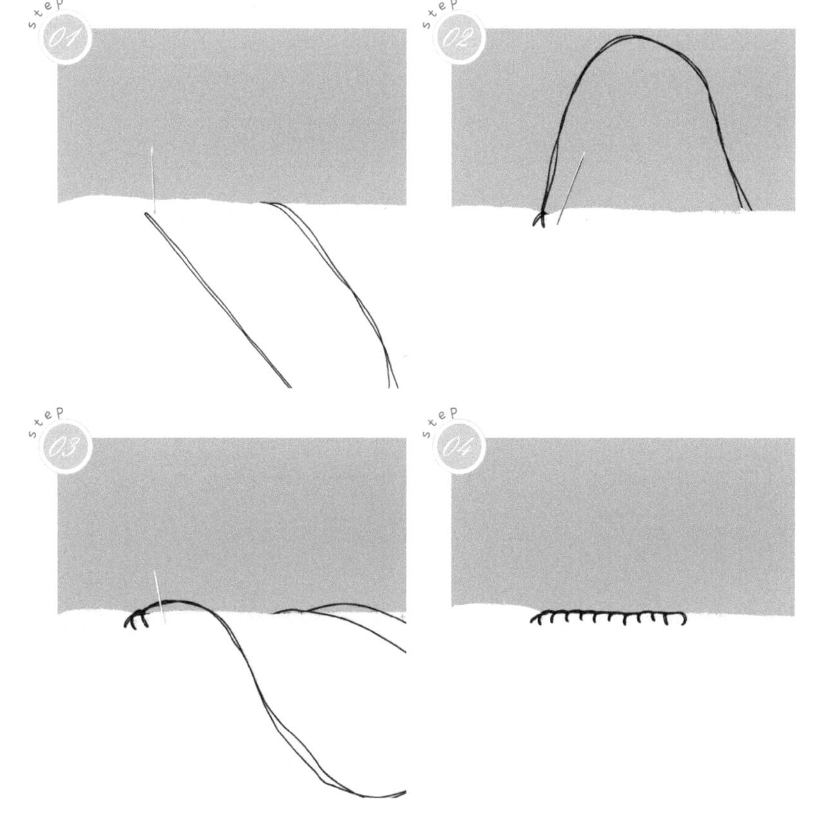

收尾结

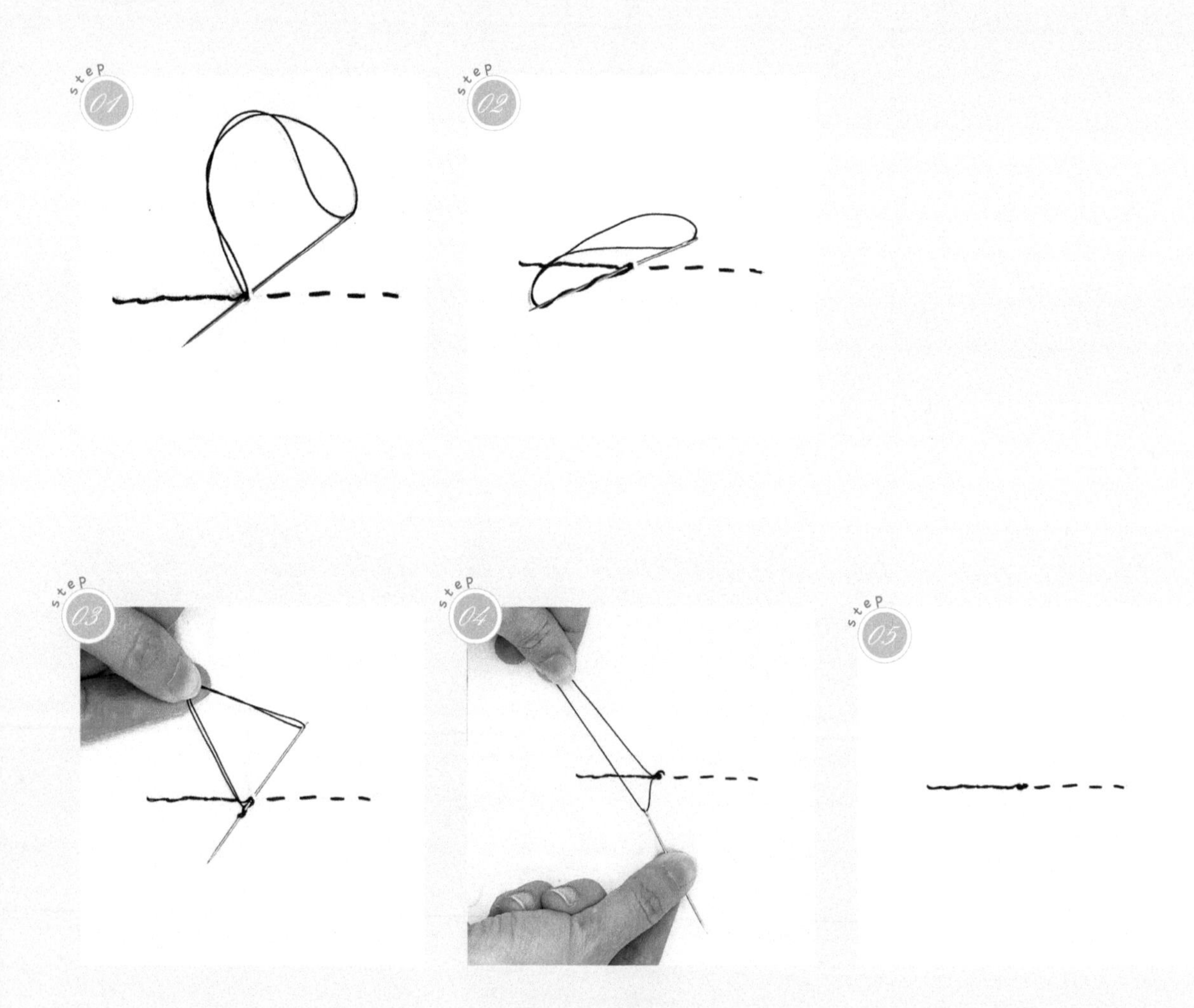

钉缝纽扣、珍珠等立体装饰

第二章

基础款颈饰和手饰制作

基础短锁骨链　　锁骨链A　　锁骨链B

UV戒指　　滴胶花项链　　手袖

难度系数 ★☆

基础短锁骨链

每个少女的首饰盒里都该有一根锁骨链！

材料与工具

重点技巧：马口夹的使用

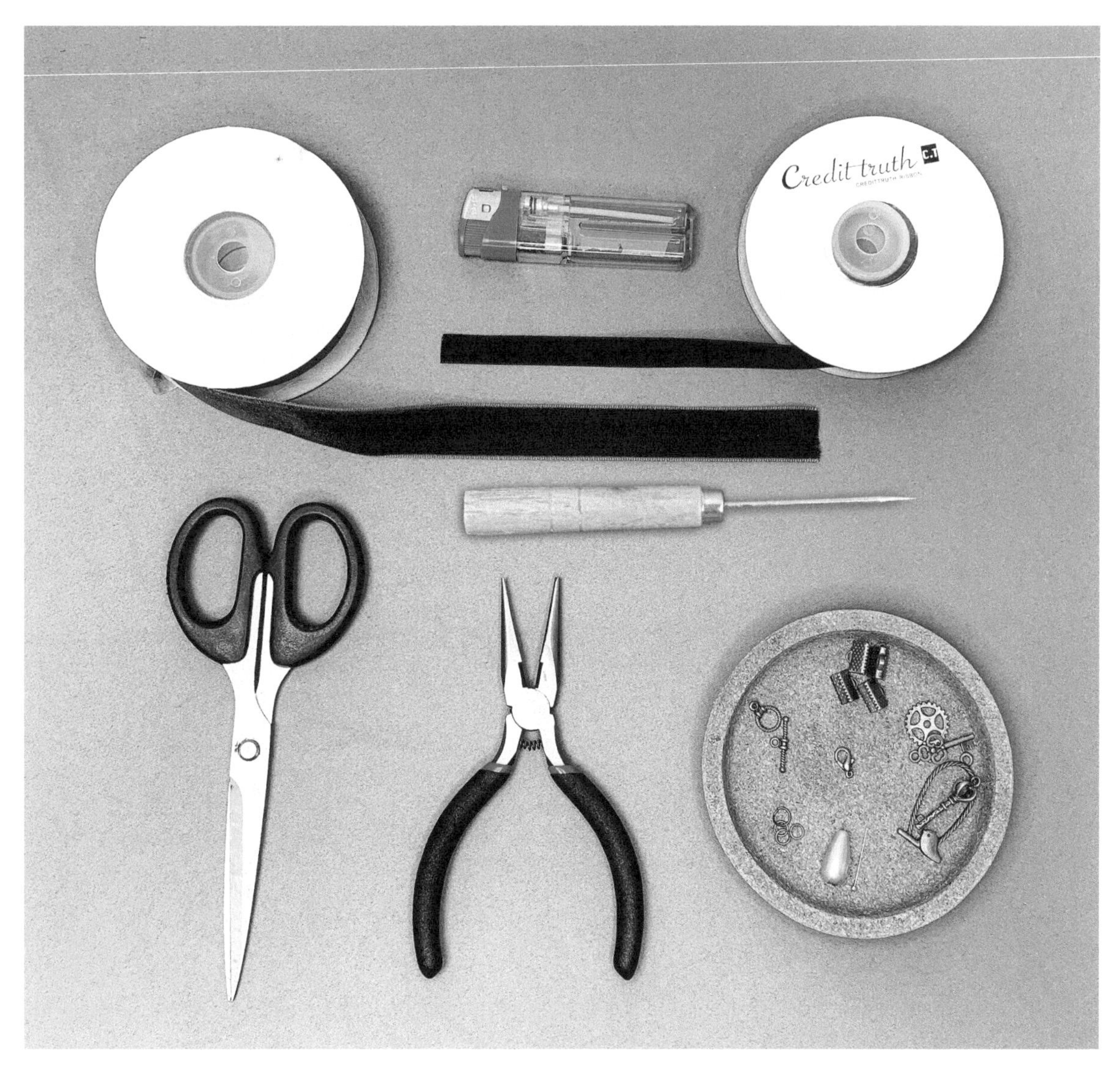

材料：2cm 宽绒面丝带、1cm 宽绒面丝带、龙虾扣、搭扣、1cm 长马口夹、开口圈、金属配饰若干（按自己喜好选取）。

工具：手工剪、尖嘴钳、打火机、锥子。

1cm宽基础短锁骨链

step 01

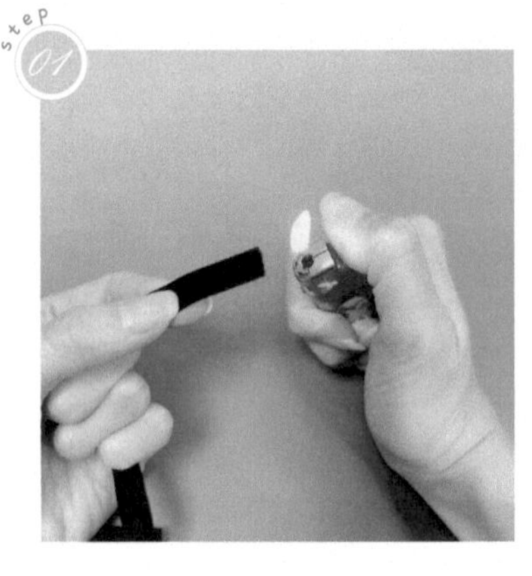

用剪刀剪出一条长 31cm 的丝带（长度一般为自己的脖围减去 2cm），用打火机烧一下丝带边（让丝带锁边）。

step 02

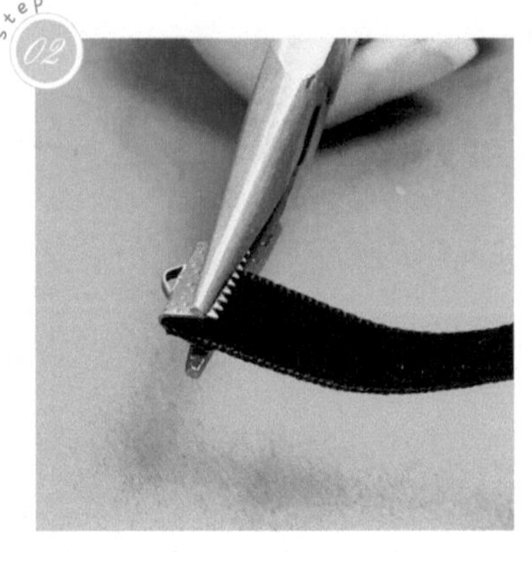

用尖嘴钳将 1cm 长马口夹和丝带一边夹紧固定。

step 03

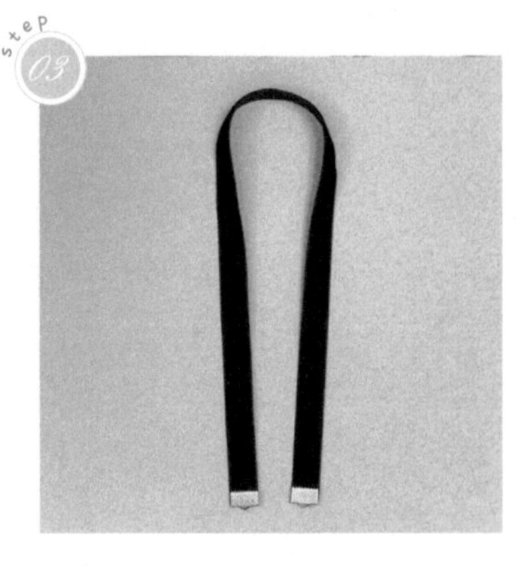

将丝带另外一端也用马口夹夹紧固定。

step 04

将丝带对折找出中点，用锥子或者粗一点的针戳一个小洞，用以后续使开口圈穿进去。

step 05

将开口圈穿过戳出来的洞。

step 06

将吊坠套进开口圈并夹紧。

step 07

将其他配饰用针线固定在丝带上。

step 08

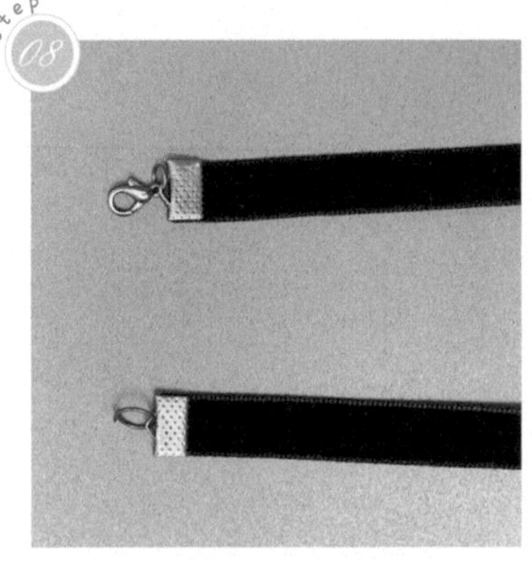

将开口圈套进马口夹的金属环并夹紧，在另一端套上龙虾扣，夹紧。

step 09

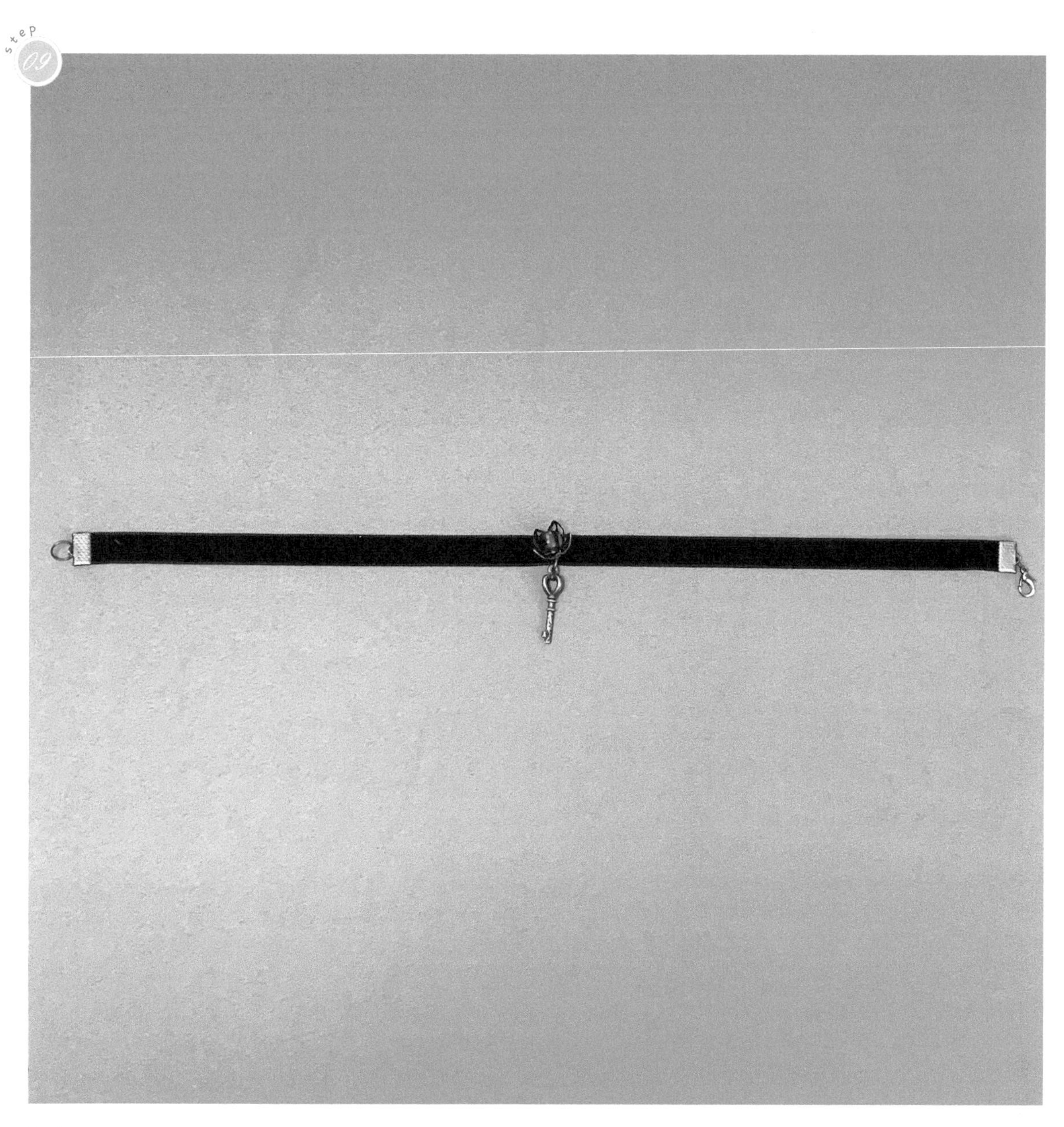

完成。

在织物上挂金属件如何避免钩丝：可以用粗针先在织物上穿孔，再挂需要的饰品。

2cm宽基础短锁骨链

step 01

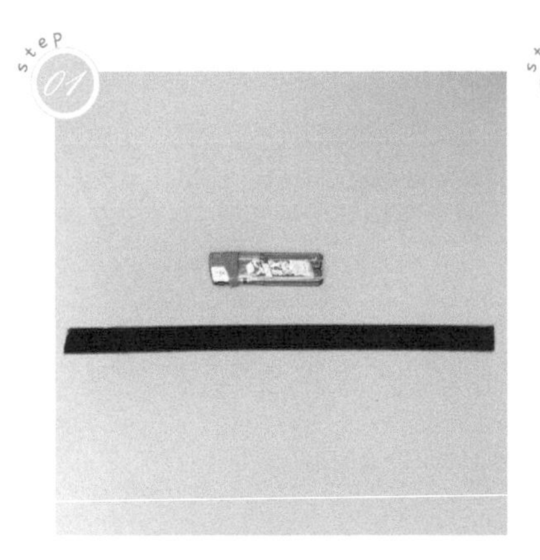

用与前面同样的方法取 2cm 宽丝带。

step 02

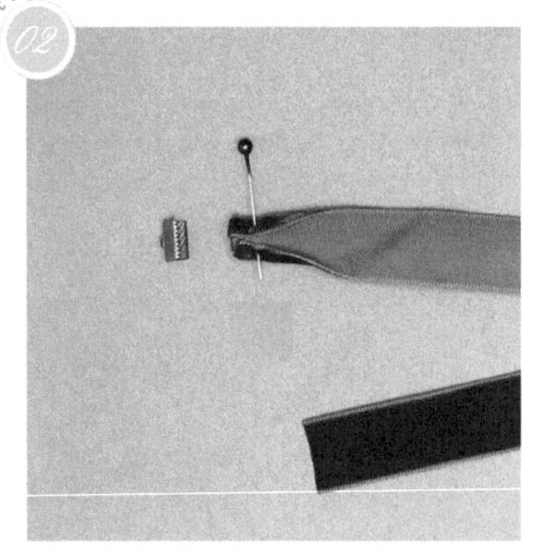

重点是使用马口夹的时候需要将丝带按图示固定再夹紧。

step 03

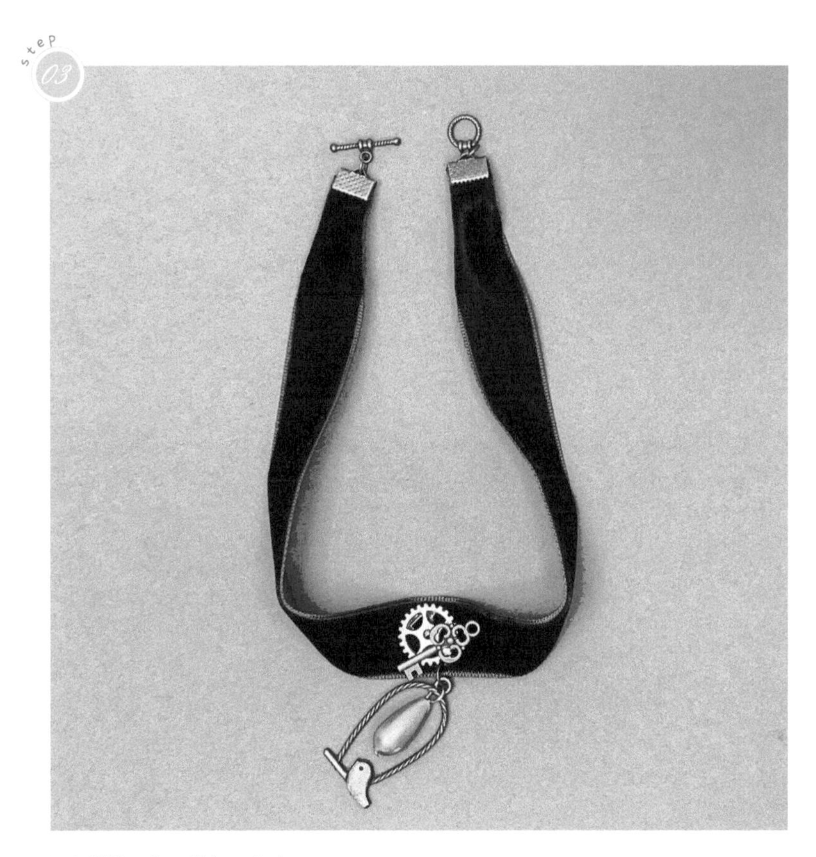

添加其他配饰和搭扣，完成。

难度系数 ★★

锁骨链A

好看、百搭又优雅的配饰。

材料与工具

重点技巧：T 字针的组合使用

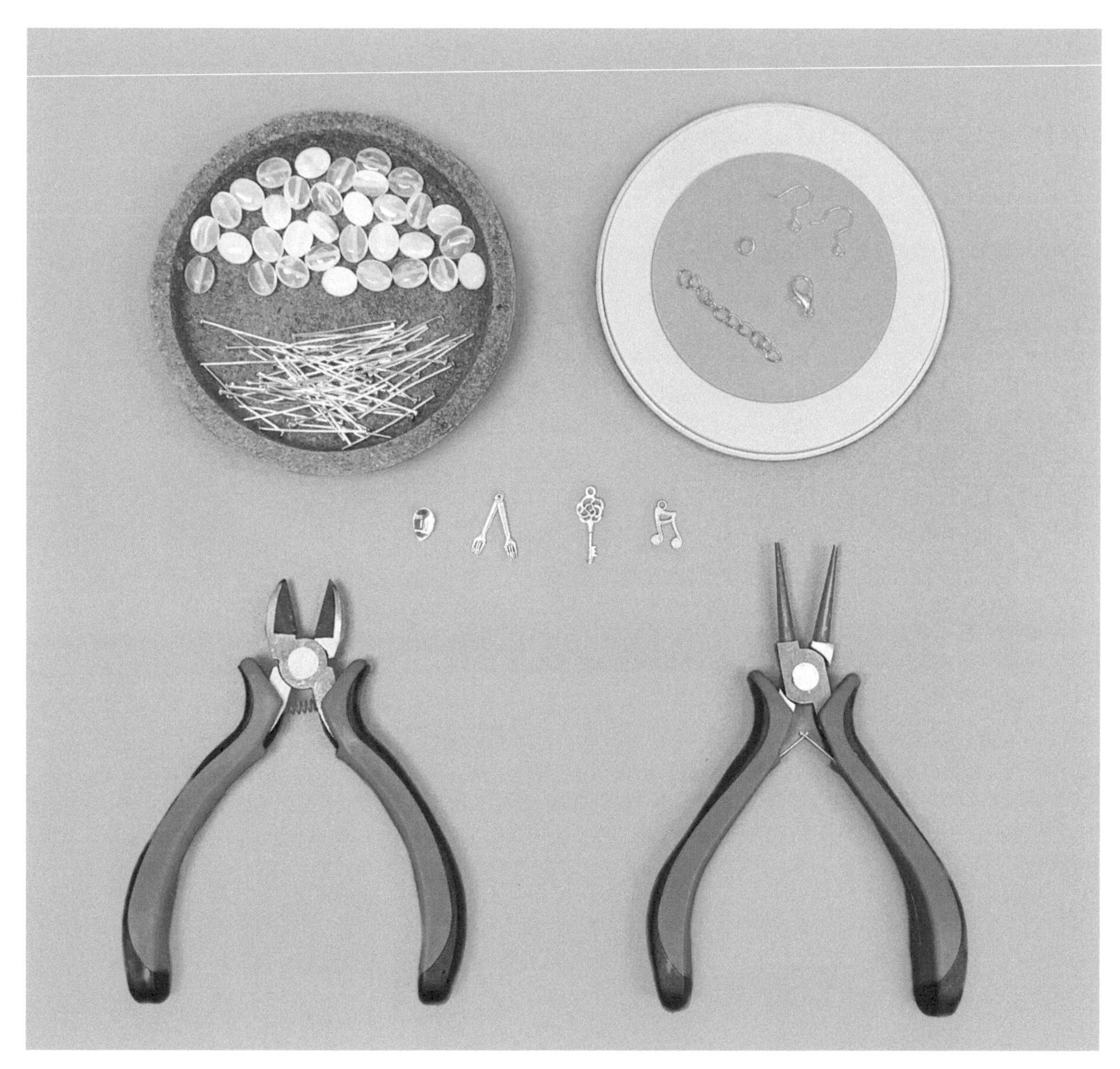

材料：16mmT 字针、8mm 蛋白石扁圆珠（可以按喜好替换）、龙虾扣、延长链、耳钩、水滴形吊坠、20mm 长吊坠。

工具：斜口钳、圆头钳。

蛋白石扁圆珠短锁骨链

step 01

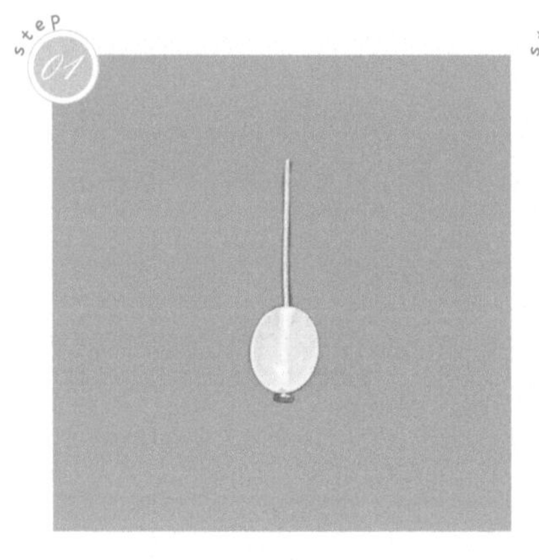

按图示将 T 字针穿过蛋白石扁圆珠。

step 02

用圆头钳夹住 T 字针的末端。

step 03

将 T 字针绕钳子一侧一圈。

step 04

转动圆头钳让圆圈闭合。

step 05

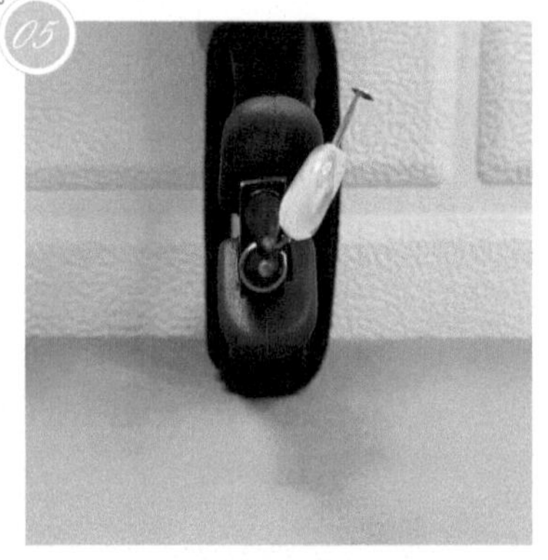

用圆头钳将圆形底部往反方向按压，使圆心基本对齐 T 字针的直线部分，并使末端形成闭口。

step 06

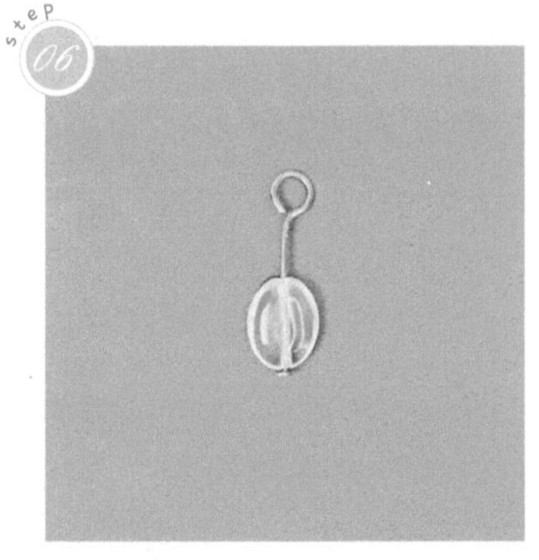

完成一个。

step 07

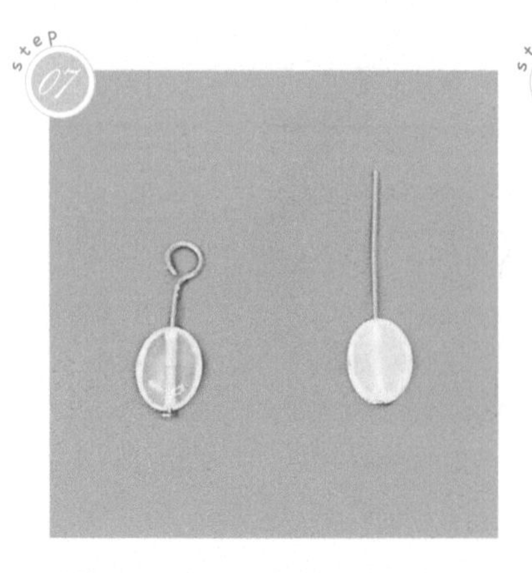

将第二根 T 字针穿过蛋白石扁圆珠。

step 08

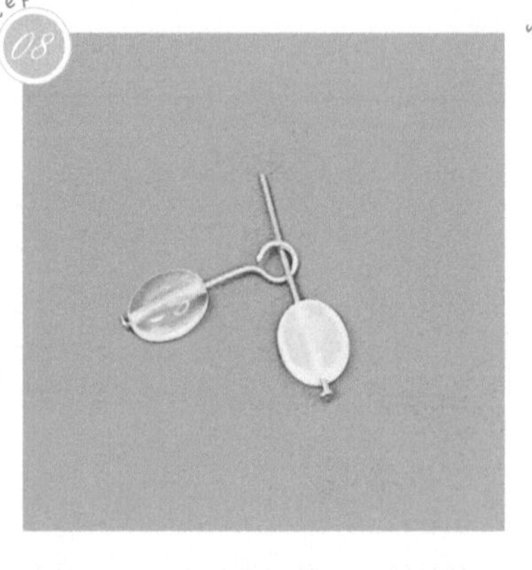

将第二根 T 字针穿过第一个钳好的闭口环。

step 09

将第二根 T 字针按步骤 02~05 钳好。

step 10

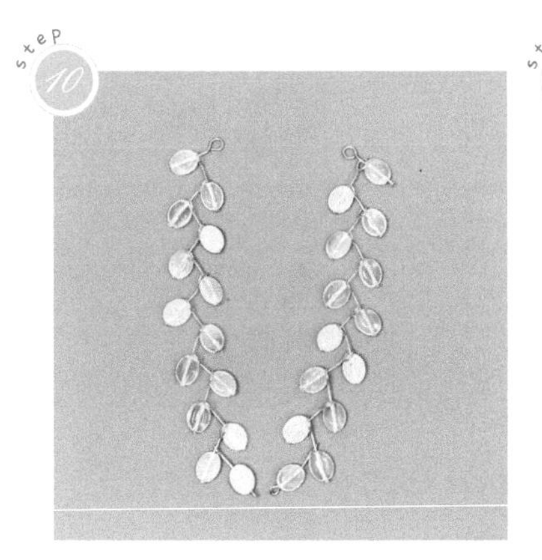

按以上步骤制作两条长约16cm的珠链。

step 11

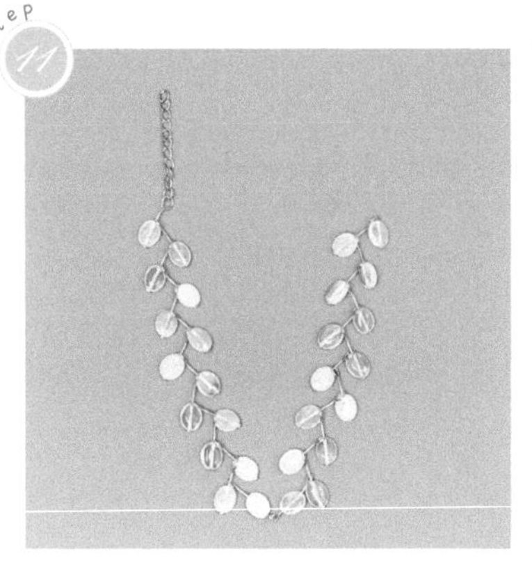

将珠链的下端按步骤 02~05 圈好闭合环，末端加上延长链。

step 12

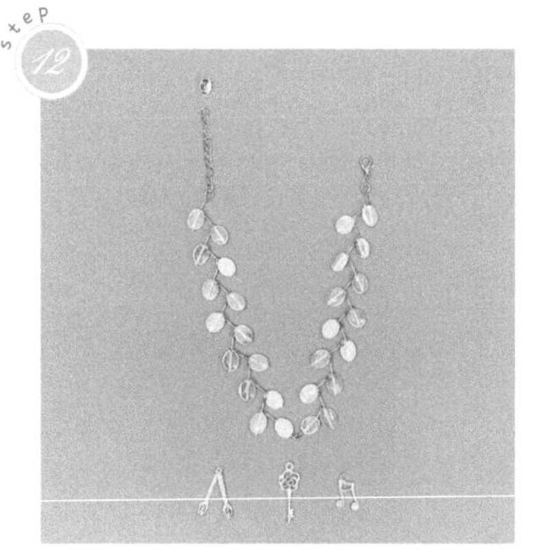

在另一侧末端加上龙虾扣，并在延长链上添加水滴形的吊坠，在珠链的中间添加 2cm 长的吊坠进行点缀。

step 13

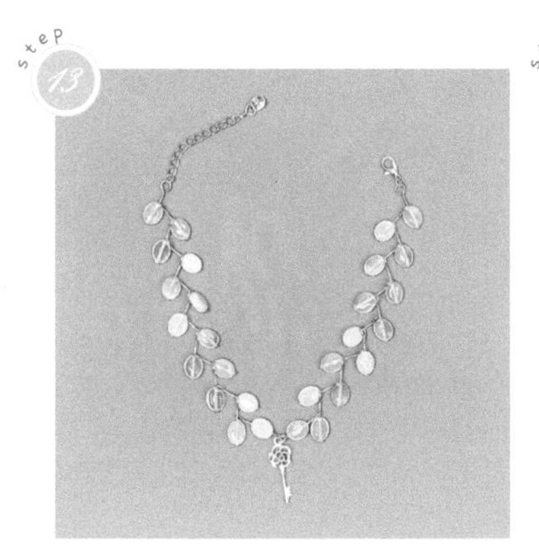

完成。

step 14

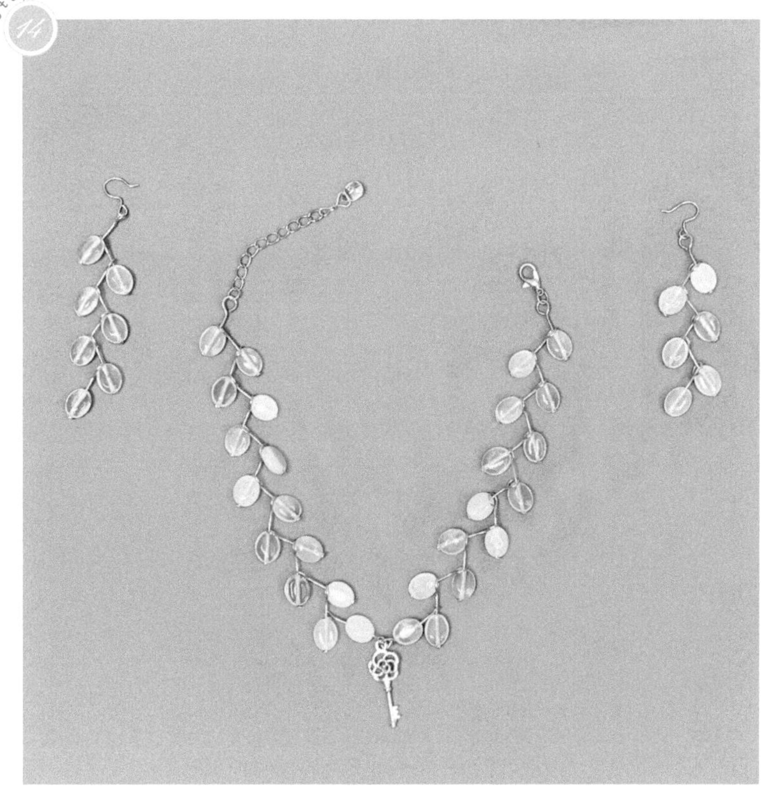

按步骤 02~05 的做法，可以做出配套的耳坠。

难度系数 ★★

锁骨链B

优雅美丽且不失温柔的款式。

材料与工具

重点技巧：仿珍珠简易编辑

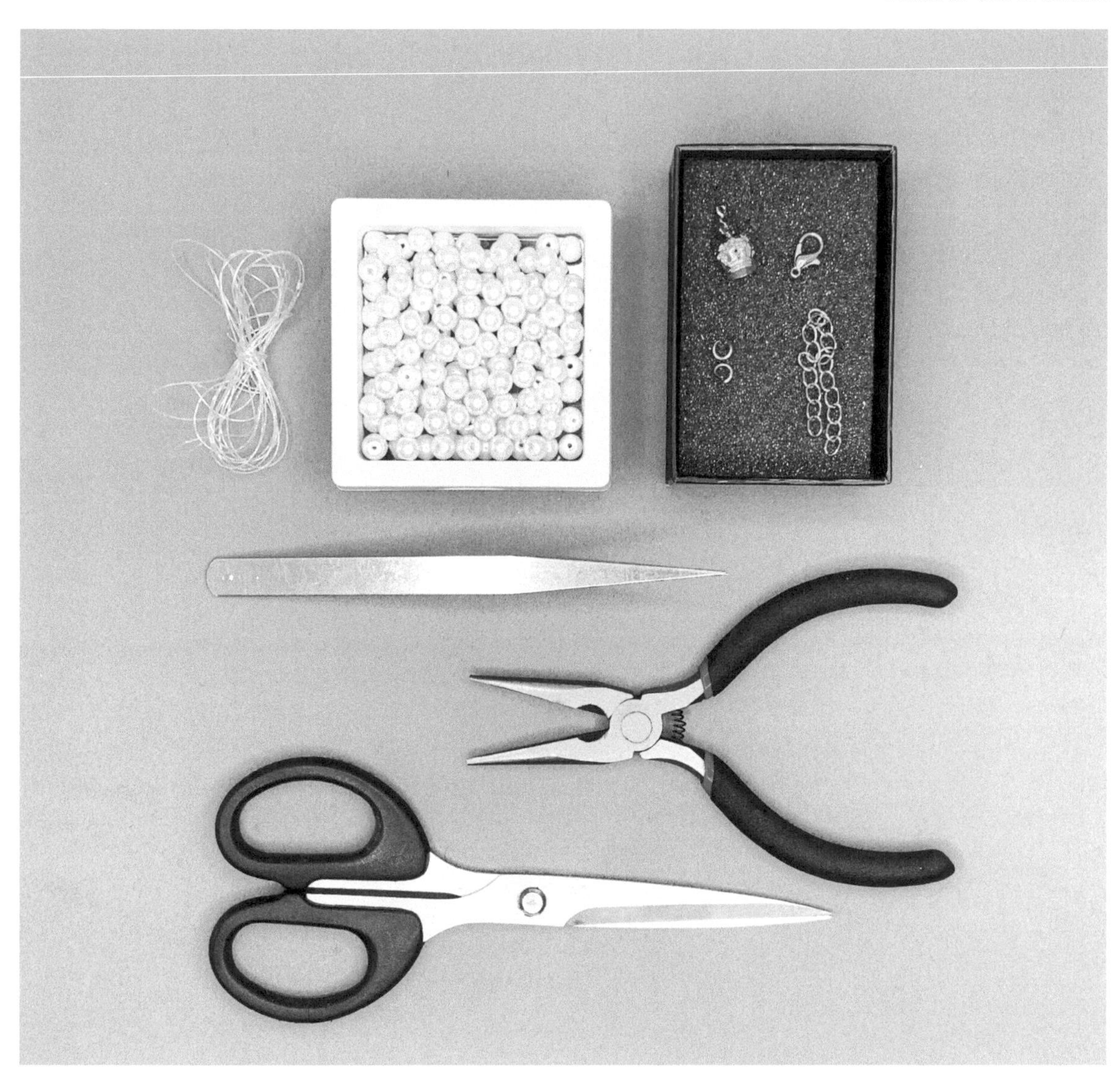

材料：鱼丝线、6mm 通孔仿珍珠、10mm 通孔仿珍珠、延长链、龙虾扣、开口圈、皇冠小吊坠、收尾扣。

工具：手工剪、镊子、尖嘴钳。

编织锁骨链

step 01

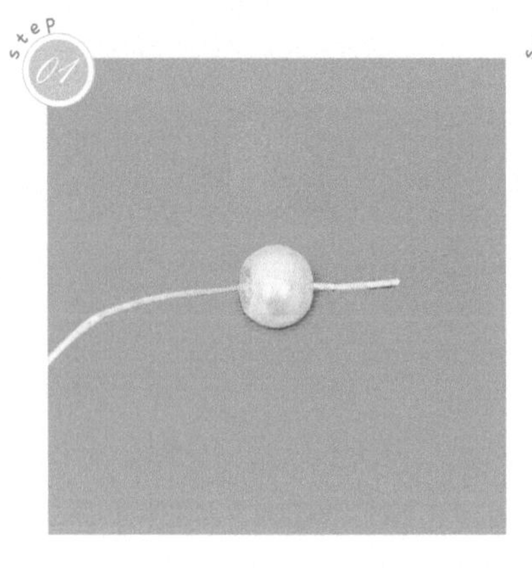

剪取一条 1m 长的鱼丝线，将鱼丝线按图示穿过 6mm 仿珍珠。

step 02

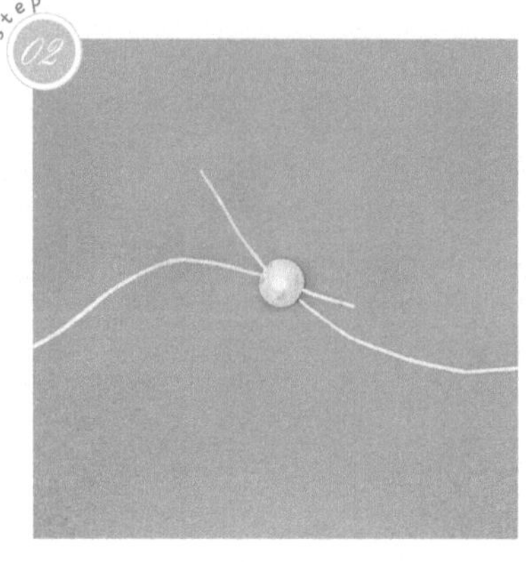

将鱼丝线的另一头从仿珍珠另一端穿入。

step 03

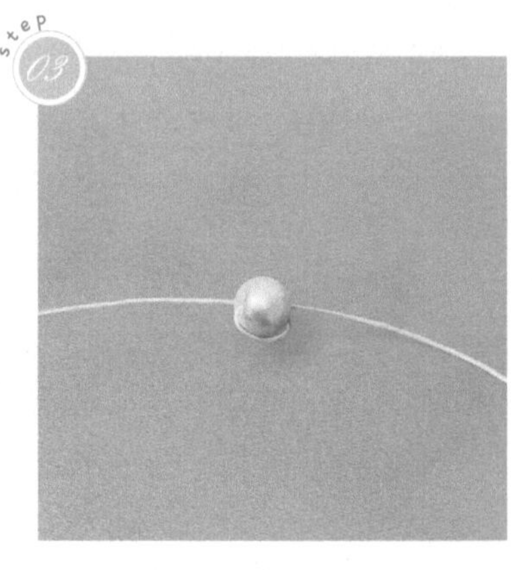

拉紧鱼丝线固定仿珍珠。注意仿珍珠要固定在鱼丝线的正中央。

step 04

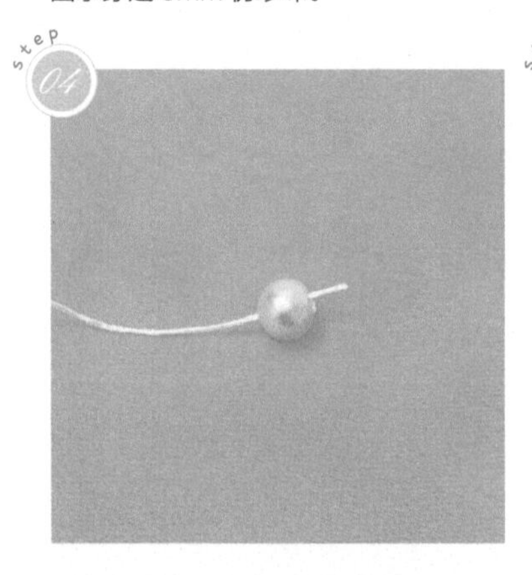

用鱼丝线的一头穿过一颗新的 6mm 仿珍珠。

step 05

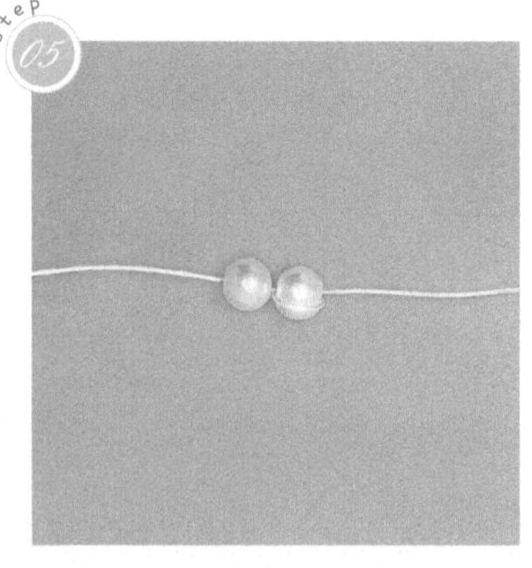

拉到第一颗已固定的 6mm 仿珍珠旁。

step 06

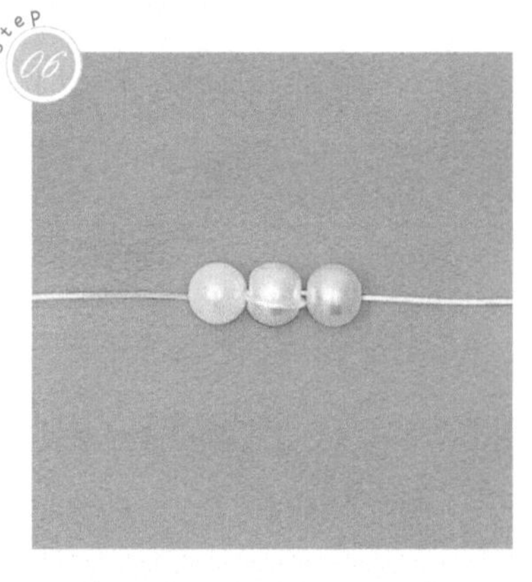

鱼丝线的另一头也穿入一颗 6mm 仿珍珠。

step 07

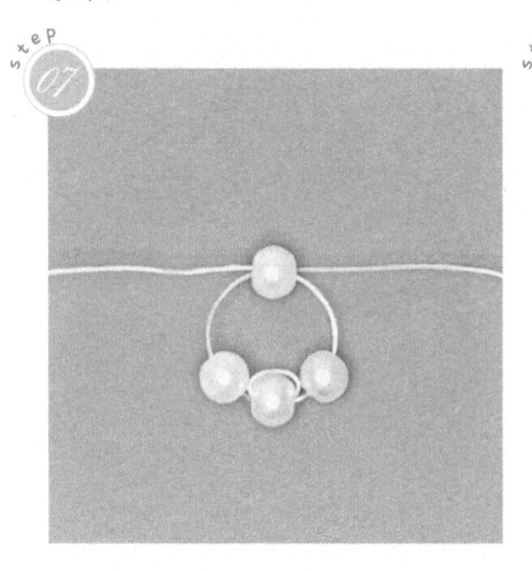

将鱼丝线的两端分别从两侧穿过第四颗 6mm 仿珍珠。

step 08

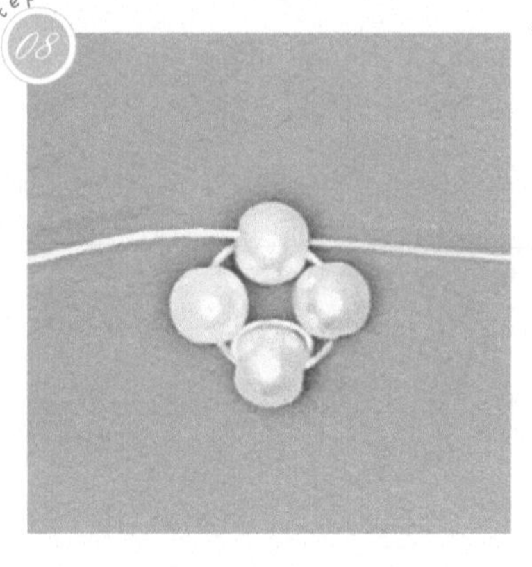

拉紧鱼丝线，固定第四颗 6mm 仿珍珠。

step 09

重复步骤 04~08 进行编织。在编织中间对穿的仿珍珠时，可以根据个人喜好，把一些珠子替换为更大的尺寸，以制作不同的效果（例如图中款式，中间每隔 3 颗替换 1 颗直径为 10mm 的珠子）。

step 10

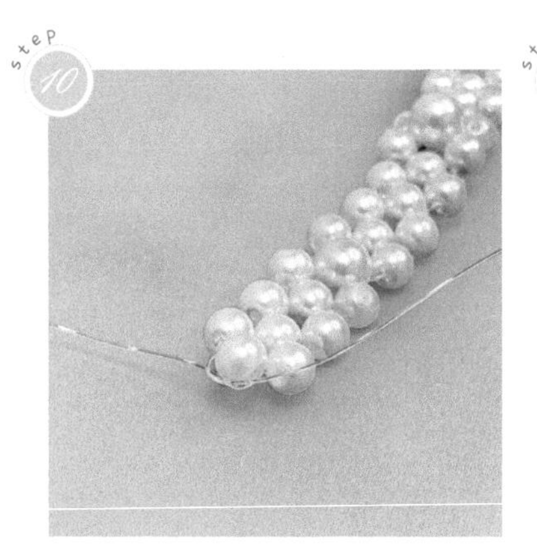

编织到自己需要的长度后，在末尾打活结。

step 11

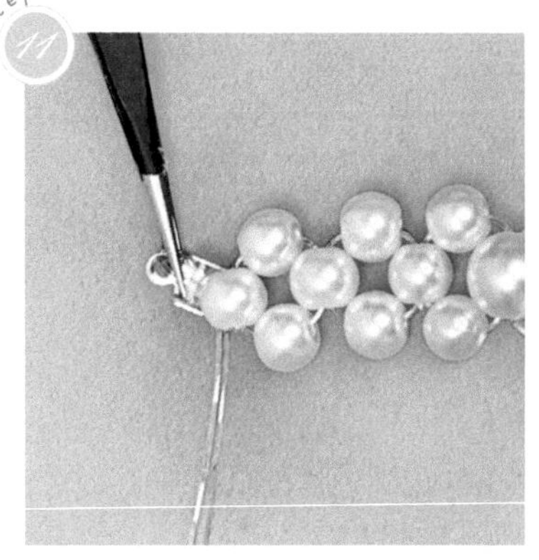

将鱼丝线穿过收尾扣的扣头后，向内回折。

step 12

夹紧收尾扣，固定鱼丝线。剪去多余的鱼丝线。

step 13

在收尾扣后用开口圈连接延长链和吊坠。在另一头加上龙虾扣。

step 14

完成。

难度系数 ★★★

UV戒指

小有乾坤，每一枚都是独一无二的。

材料与工具

重点技巧：AB 胶混合的比例

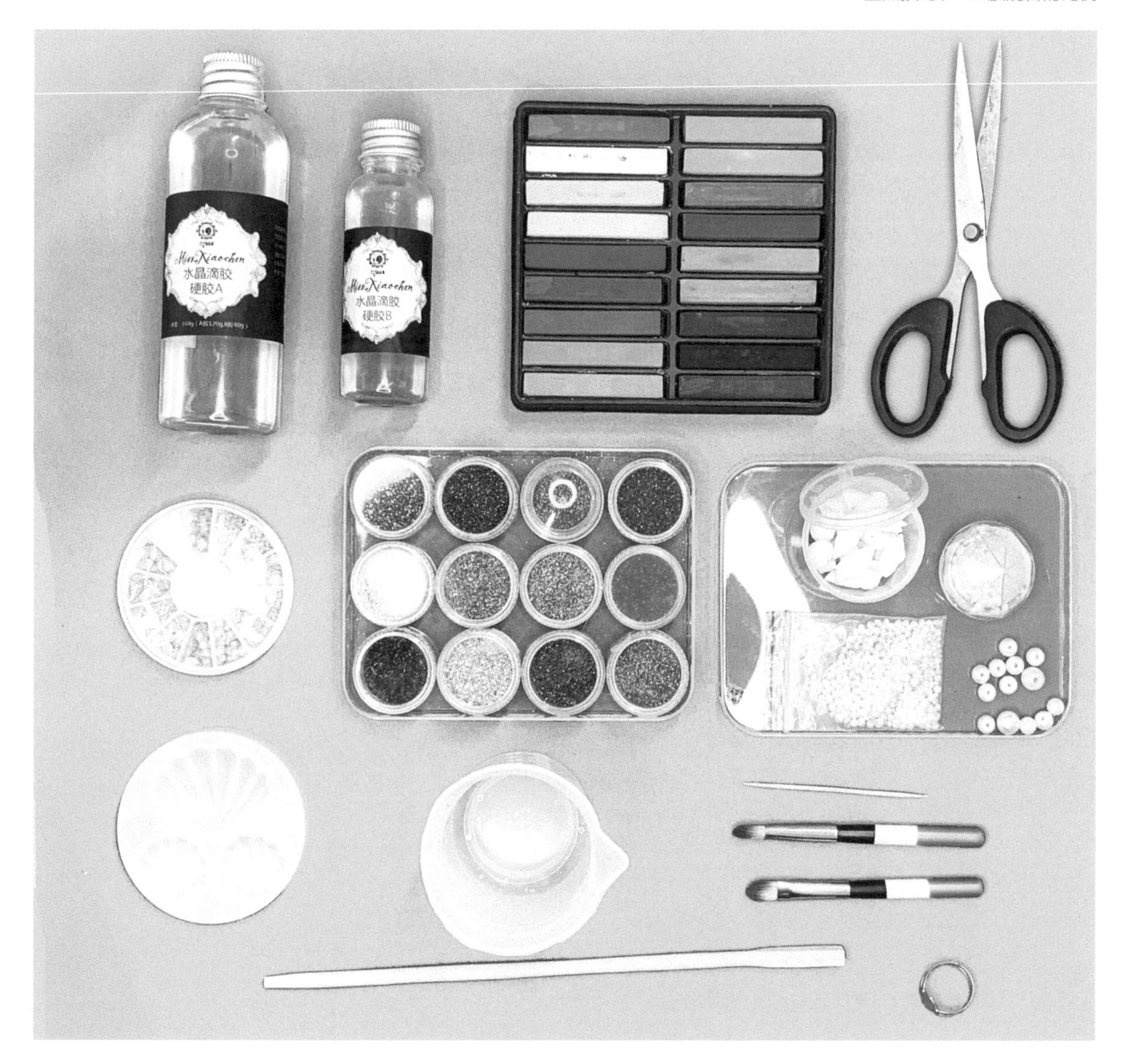

材料：AB 环氧树脂滴胶（水晶滴胶 A、水晶滴胶 B）、粉彩棒、戒指底座。

封入物：海洋风金属饰品、闪粉、仿珍珠、贝壳、贝壳纸、小珠子。

工具：硅胶模具、小粉刷、硅胶杯、牙签、搅拌棒、剪刀。

贝壳UV戒指

step 01

把水晶滴胶 A 和水晶滴胶 B 按 1 ： 2.5 的体积比或 1 ： 3 的重量比倒入杯中。

step 02

搅匀两种胶至澄清。

step 03

静置到胶里的气泡消失。

step 04

取模具倒入滴胶至接近倒满的位置。

step 05

使用小刀、剪刀等任意硬质工具从粉彩棒上削出所需颜色的色粉。

step 06

用小粉刷蘸取适量的色粉。

step 07

轻拍粉刷杆，将粉末抖落在滴胶上，如果颜色不够请少量多次进行抖落添加，不要直接加入大量色粉。

step 08

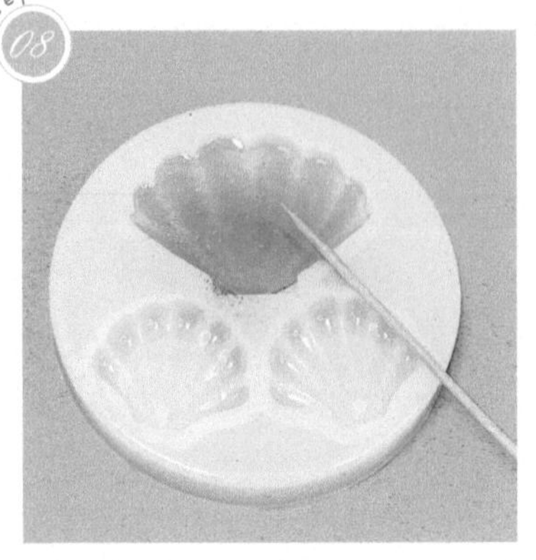

用牙签将色粉搅匀溶化在滴胶中，注意不同颜色的区块单独搅拌。

step 09

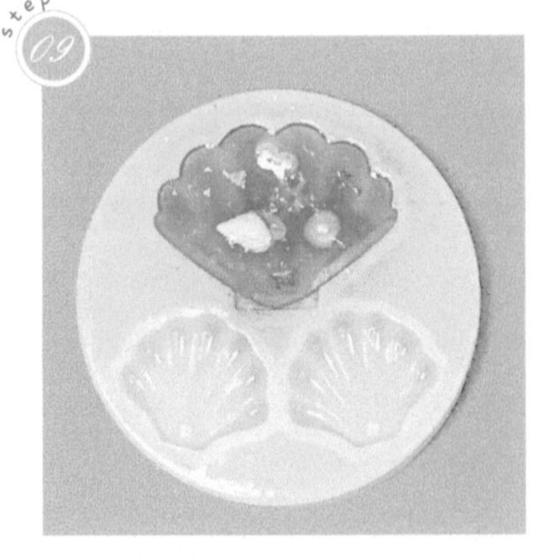

把各种封入物按个人喜好放入，按压到滴胶里。注意贝壳可大范围大量添加。

step 10

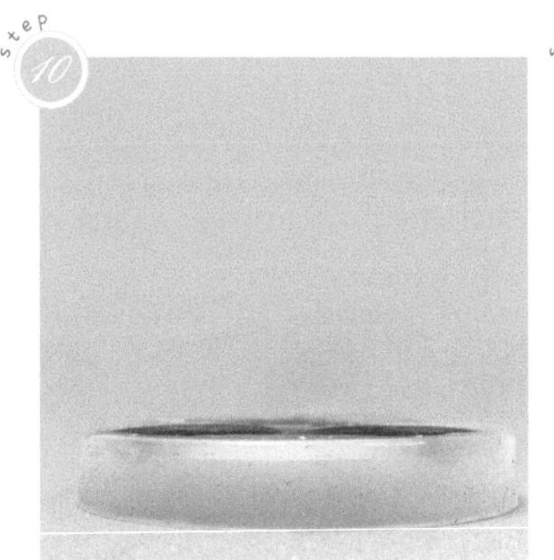

如上图，将滴胶倒满至微微高出模具。

step 11

根据滴胶状态，在半干时（一般为 1~3 小时不等）将戒指底座压入滴胶。或等滴胶干透后用宝石胶直接粘贴到戒指底座上。

粉彩棒可使用家中多余的眼影代替，小粉刷可使用小号画笔代替，硅胶杯可用一次性杯子代替。

难度系数 ★★★☆

滴胶花项链

重点技巧：基础压花介绍

能够封存美好的首饰。

材料与工具

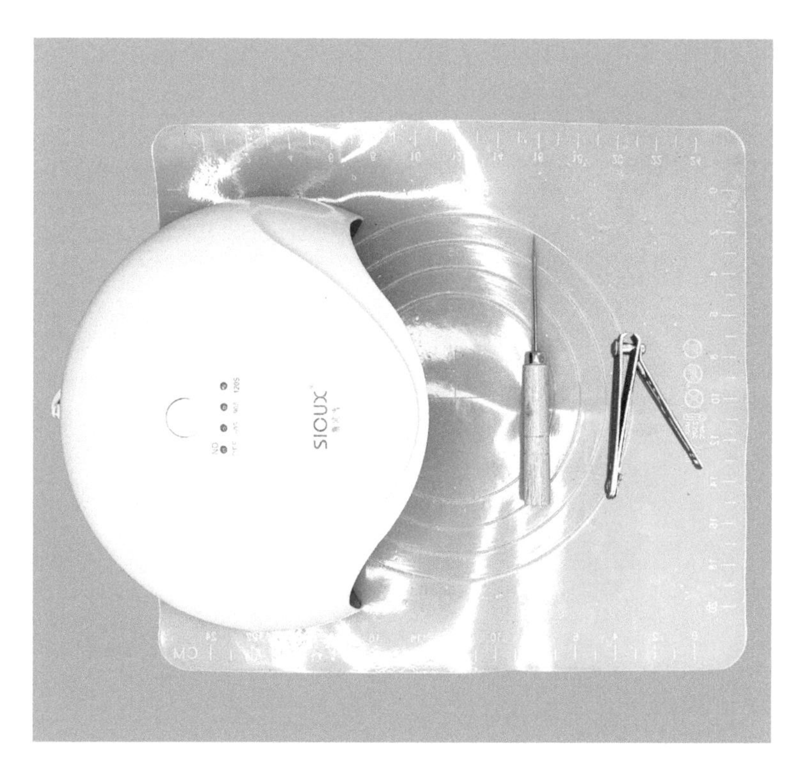

材料：滴胶、闪粉、粉彩棒、永生花、延长链、开口圈、仿珍珠。

工具：紫外线照灯、锥子、指甲钳、硅胶垫、透明指甲油。

简单滴胶花项链

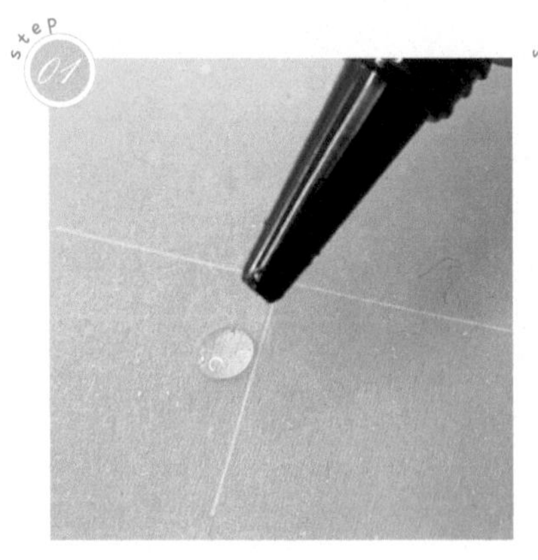

滴一滴胶到硅胶垫上。

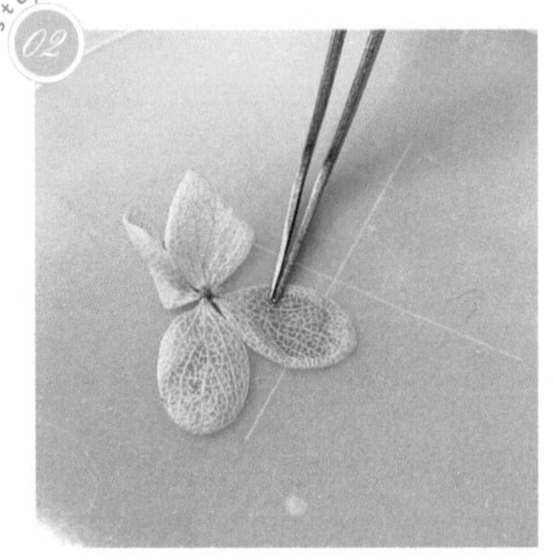

将永生花剪下，将一片花瓣压到胶上。

其他 3 片花瓣按照步骤 02 分次压好。

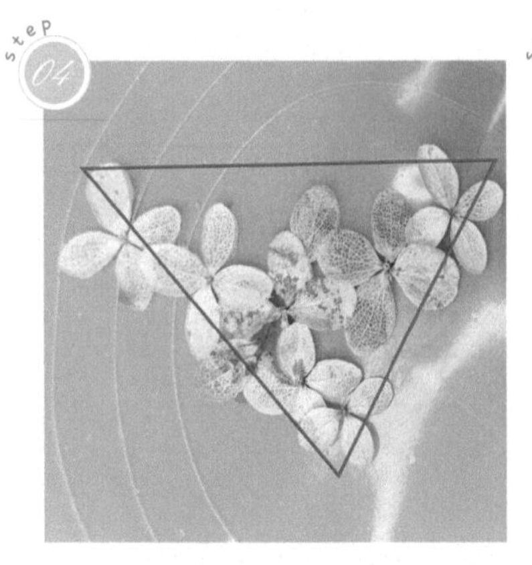

将永生花按图示操作压好。

蘸取粉彩棒的粉末和闪粉少量多次上色。

将胶滴到花瓣上。

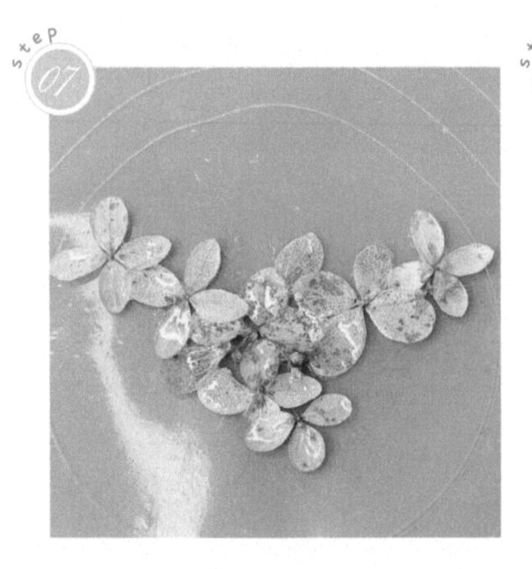

打开紫外线照灯让胶凝固。

在花瓣的两端用锥子戳出两个洞。

将开口圈穿过两端洞口。

step 10

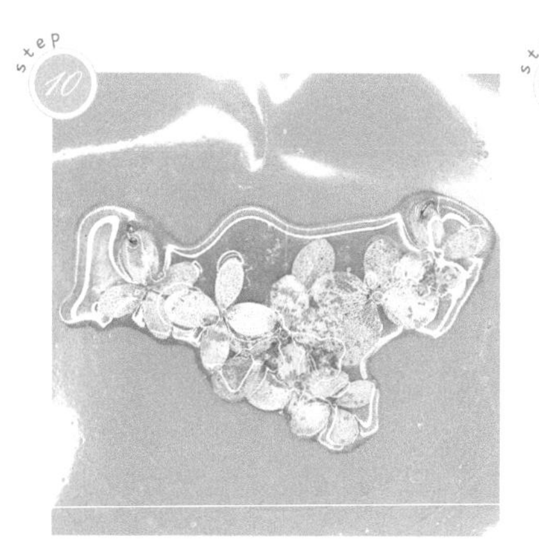

再滴胶并打开照灯，等待完全干透。

step 11

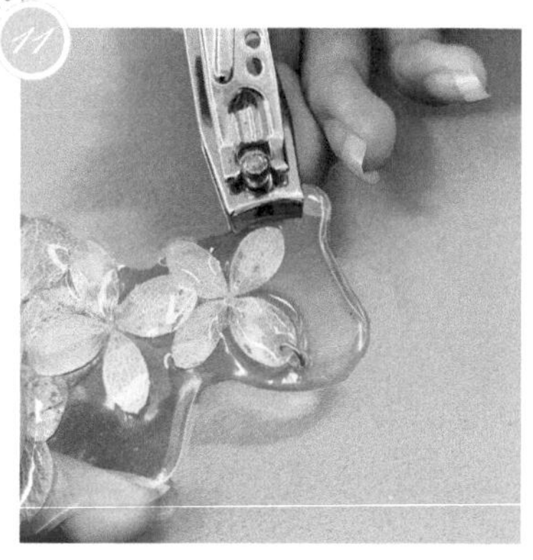

完全干透后，用指甲钳修整多余的边缘。

step 12

用指甲锉打磨修剪的边缘，用水冲洗掉粉末。

step 13

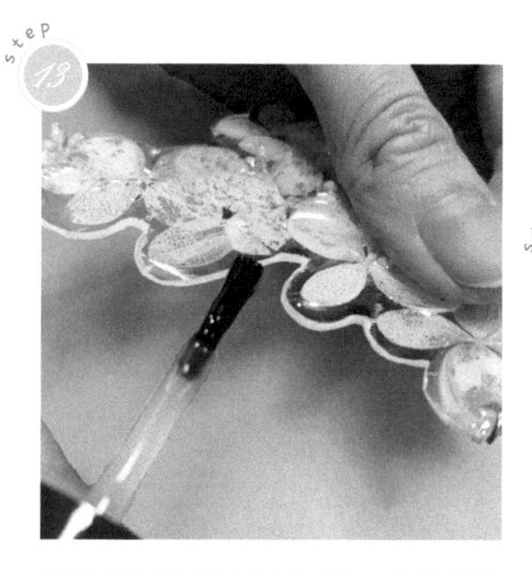

用胶或者透明指甲油再涂一次修剪的边缘。

step 14

用仿珍珠串两段珠串。

step 15

将珠串和吊坠本体组合，加上延长链，完成制作。

难度系数 ★★★

手袖

画龙点睛的饰品。

材料与工具

重点技巧：基础手袖的制作

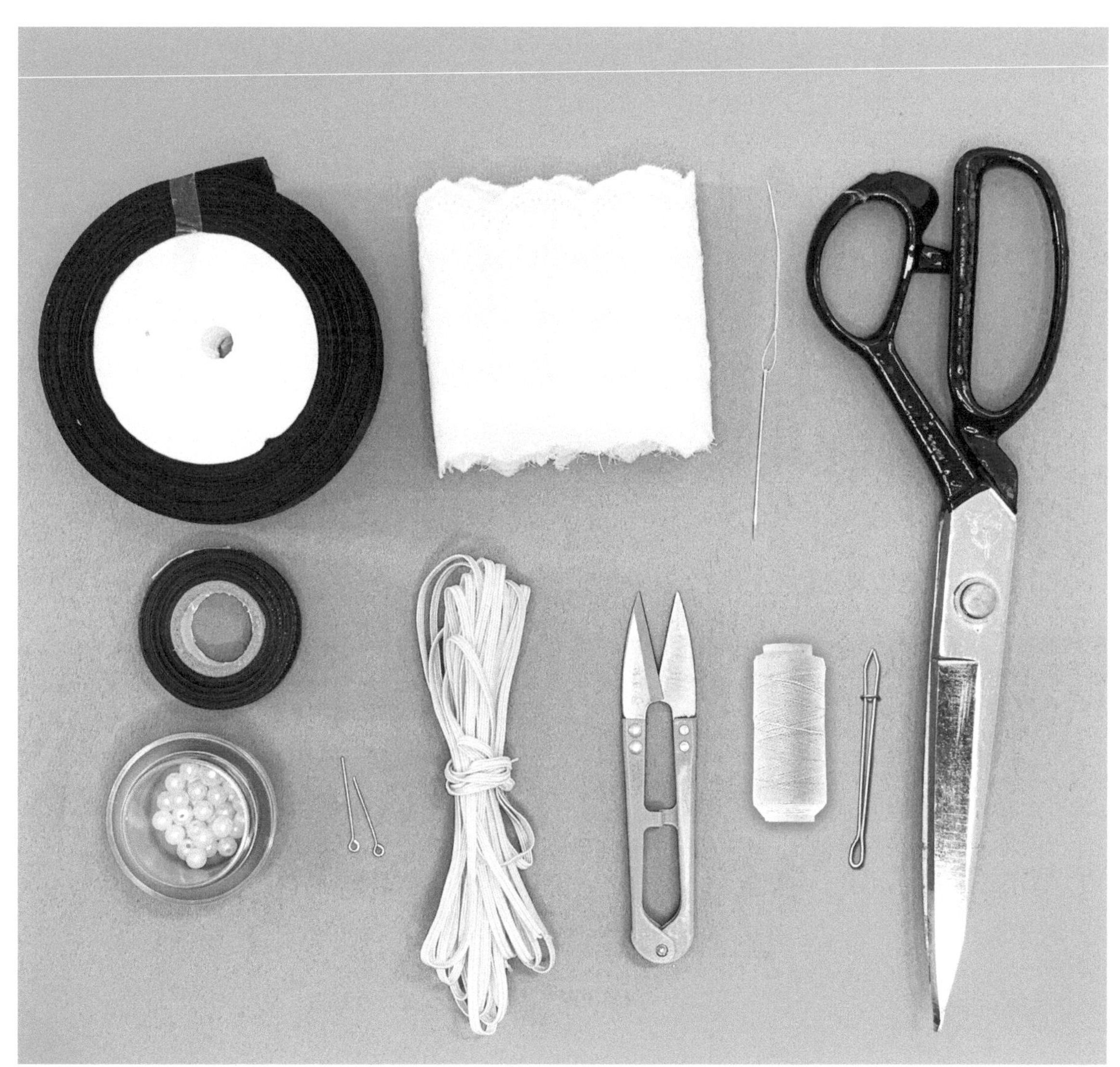

材料：2cm 宽丝带、1cm 宽丝带、6cm 宽蕾丝、仿珍珠、9 字针、0.5cm 宽松紧带、线。

工具：裁缝剪、线剪、针线、穿线器。

基础手袖

step 01

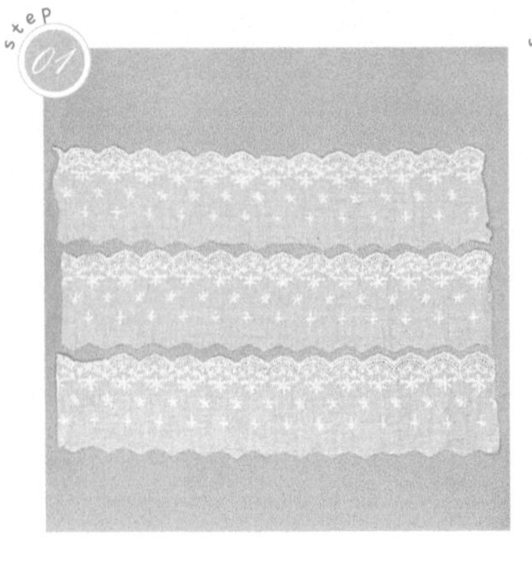

用裁缝剪剪出 3 条长 26cm 的蕾丝（长度可以根据自己手腕的围度调节）。

step 02

将 3 条蕾丝间隔 1cm 左右调整好位置。

step 03

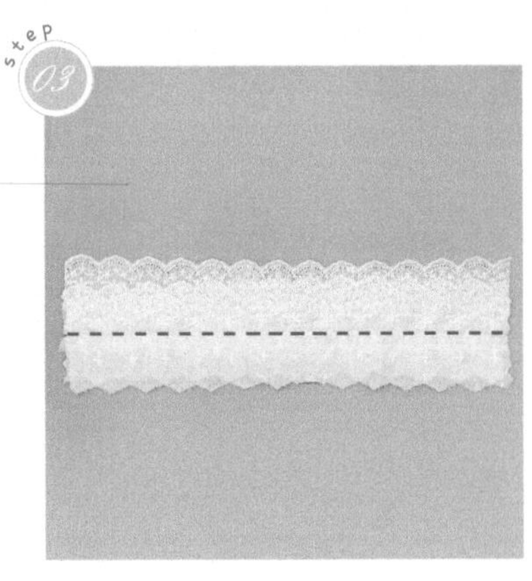

按图中所示的红线缝纫固定。

step 04

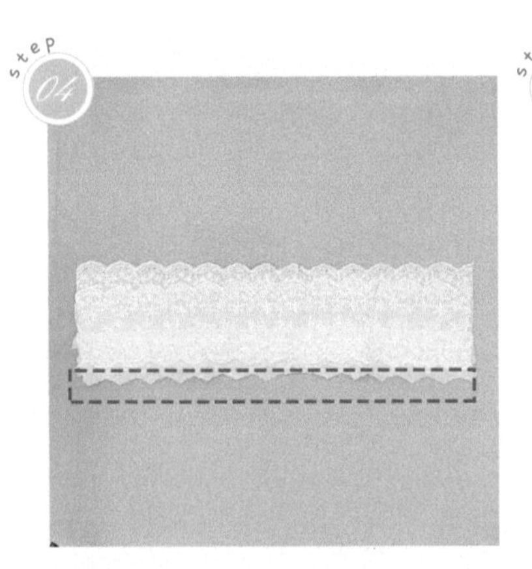

缝好后将最上层的蕾丝向下翻，将多余的蕾丝剪去。

step 05

预留 1cm 的宽度缝隙，将蕾丝包边，并缝纫固定。

step 06

将最上层的蕾丝向下翻。

step 07

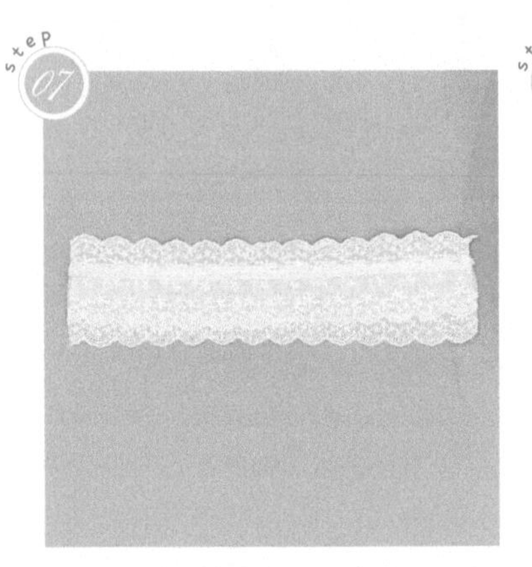

熨烫一下做固定。

step 08

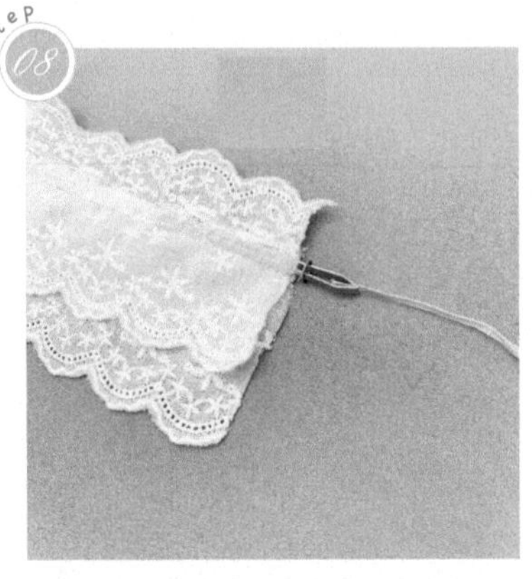

根据自己手腕的宽度，剪一段约 9cm 长的松紧带，用穿线器穿进预留的缝中。

step 09

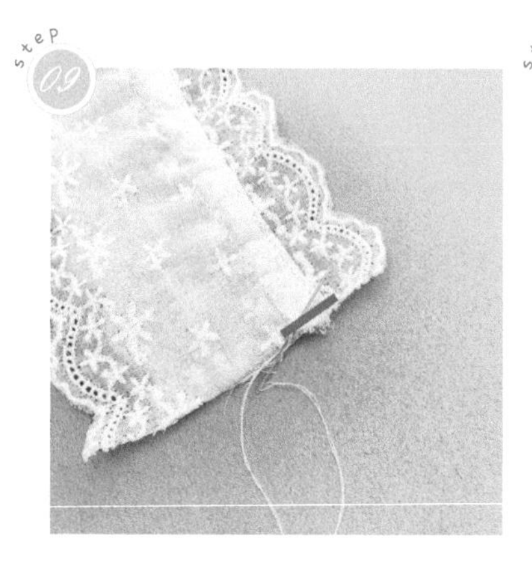

松紧带完整穿过后，用针线将一端开口缝好固定。

step 10

将整根松紧带穿过手袖，在图中所示的红线处用针线缝合。

step 11

将手袖对折，按图中所示的红色虚线用针线缝合。

step 12

缝好之后调整一下褶皱。

step 13

将手袖翻转到正面。

step 14

将 1cm 宽金边丝带剪 16cm；将 2cm 宽丝带分别剪 3 段，长度分别为 16cm、18cm、4cm。

step 15

按图中的样式用线固定好。

step 16

将部件组合。

step 17

用 9 字针把仿珍珠串成一串做装饰。

step 18

将蝴蝶结固定到手袖上，按 01~18 的步骤再做一只，完成。

第三章

基础款头饰制作

立式蝴蝶结　　横向蝴蝶结发饰　　蝴蝶结发圈　　枕头头饰　　发带

编织发饰　　案例拓展：四股编编织发饰　　小礼帽

案例拓展：蝴蝶结一　　案例拓展：蝴蝶结二

难度系数 ★★★☆

立式蝴蝶结

充满娃娃般可爱气息的饰品！

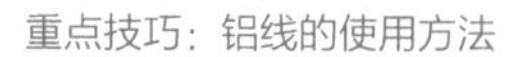
重点技巧：铝线的使用方法

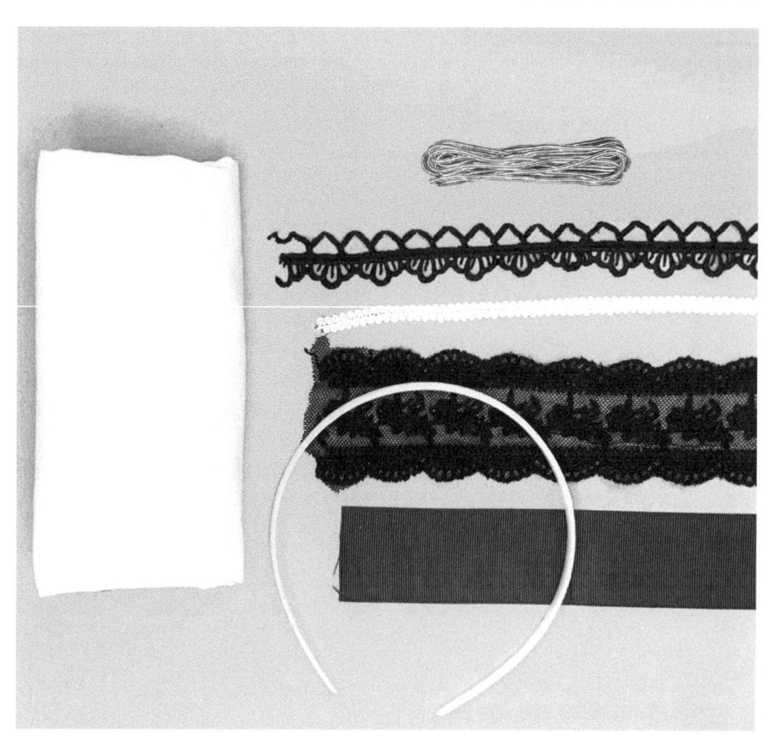

材料与工具

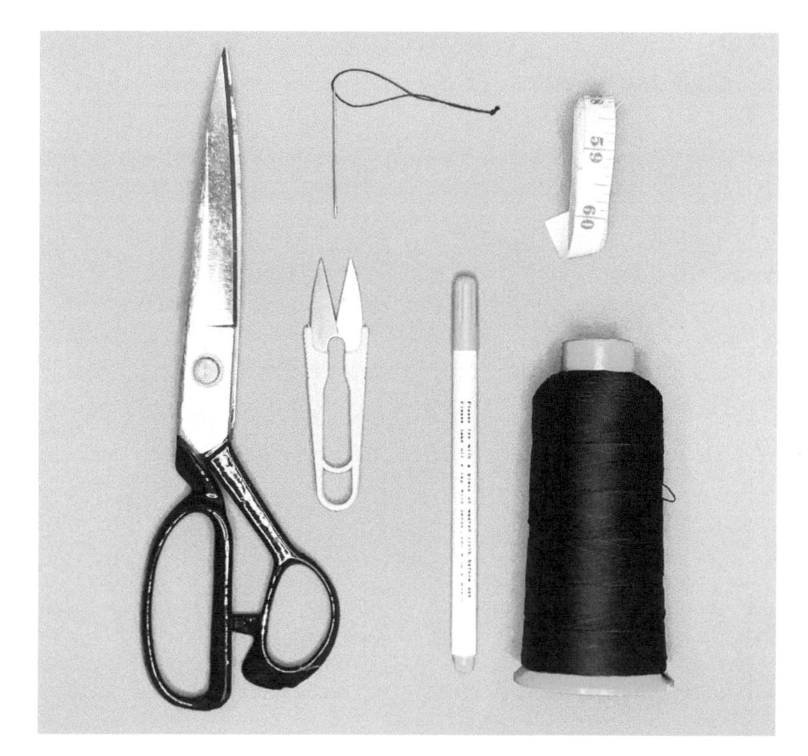

材料：棉布、1.5cm 宽水溶蕾丝、4.8cm 宽网纱蕾丝、0.8cm 宽蜈蚣花边、4cm 宽罗纹织带、发箍、铝线。

工具：裁缝剪、线剪、针线、软尺、水消笔。

立式蝴蝶结

step 01

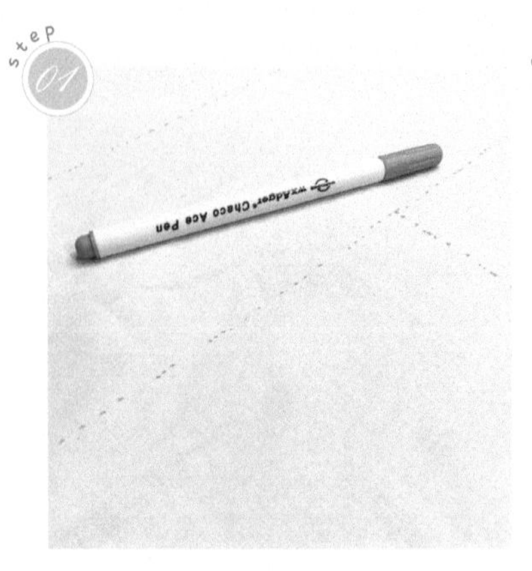

用水消笔在棉布上按样纸画出以下形状：

① 66cm×11cm 的长方形布料 2 块；

② 28cm×13cm 的长方形布料 2 块；

③ 9cm×13cm 的长方形布料 1 块。

step 02

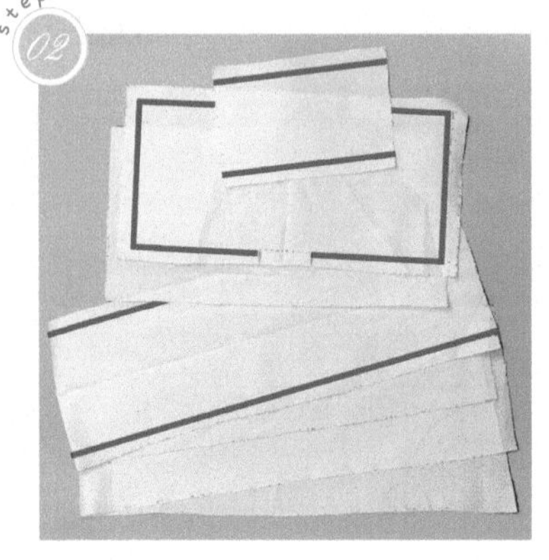

分别剪出上图所示的方块布料，并用水消笔沿布料边缘 1cm 的位置画记号方便缝纫。

step 03

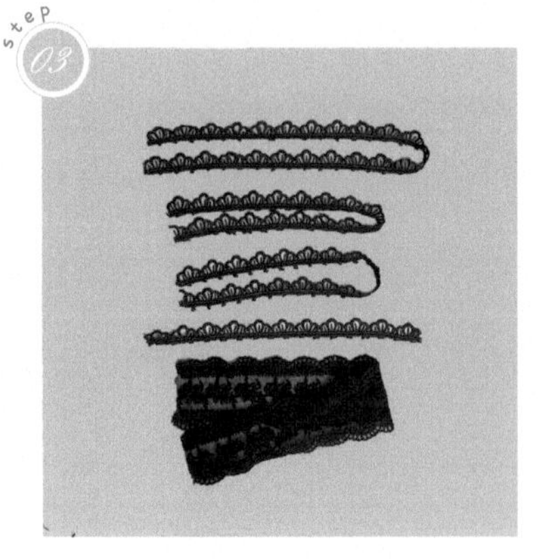

剪出 66cm 长的 4.8cm 宽网纱蕾丝；剪出与网纱蕾丝等长的 1.5cm 宽水溶蕾丝 2 条。

step 04

拿出裁好的 28cm×13cm 的布料，按图示沿边缘缝上装饰蕾丝，并在中间留 3.5cm 作为开口。

step 05

再叠上同样大小的另一块布料，沿边缘 1cm 处的画线进行缝合。

step 06

拿出 66cm×11cm 的布料，按图示把 4.8cm 宽网纱蕾丝缝在布料中间，把剩余的 1.5cm 宽水溶蕾丝沿边缘记号缝好固定。

step 07

将另一块 66cm×11cm 的布料叠在原布料上，上下两侧沿边缘 1cm 的画线进行缝合，左右两侧留出开口。

step 08

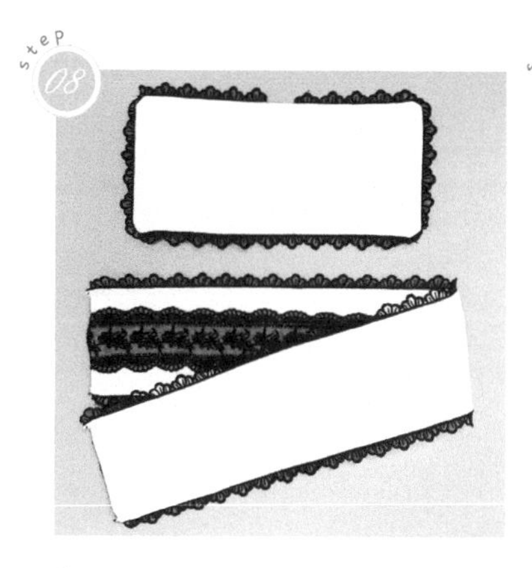

将两块缝好的布料分别沿开口翻转到正面。

step 09

取 66cm × 11cm 的布料一块，沿着上下边缘约 1cm 的位置，各缝一条直线。

step 10

将 9cm × 13cm 的长方形布料对折，按图示边缘位置缝合。然后翻转，得出 3.5cm × 13cm 的长方形布料。

step 11

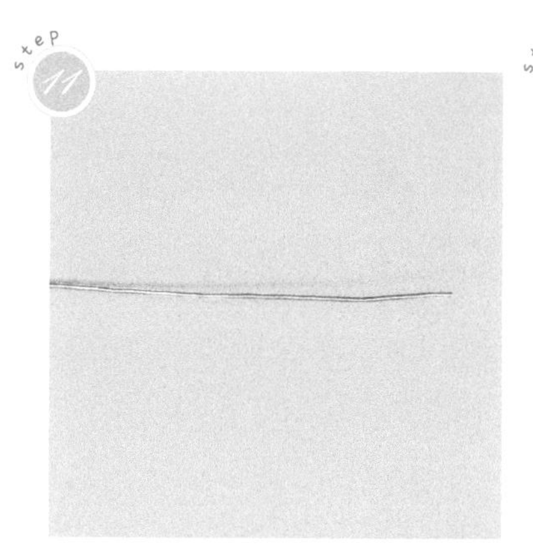

拿出直径为 0.5cm 的铝线，稍微捋直。

step 12

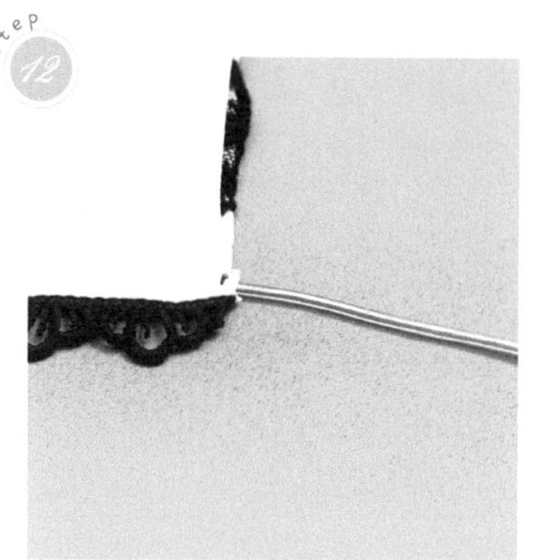

把铝线插进 66cm × 11cm 长方形布料两边的 1cm 宽通道中。

step 13

铝线穿过去后，在边缘留出 3cm 往内折，防止移位。

step 14

完成效果图如上。

step 15

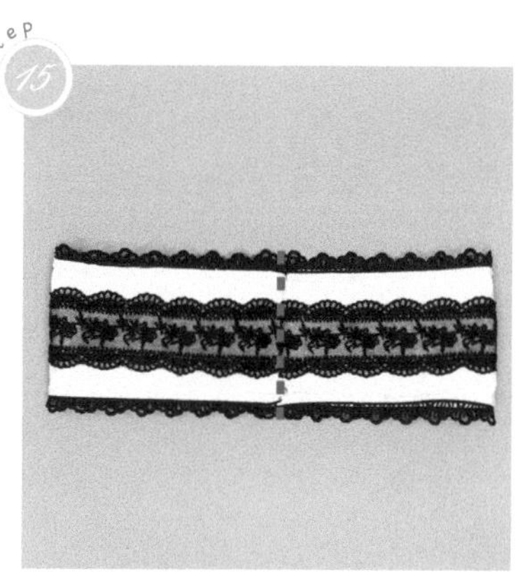

把长条对折得出中线，把两端往内折，形成步骤 16 左图的形状。

step 16

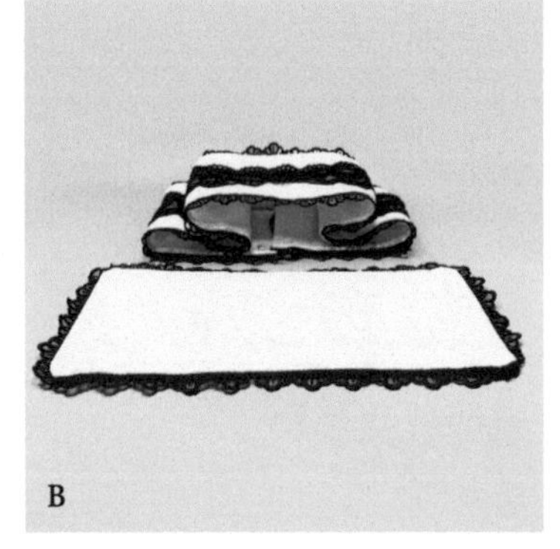

把带铝线的长条两端往内压，形成右图的形状。

step 17

按图示叠放。

step 18

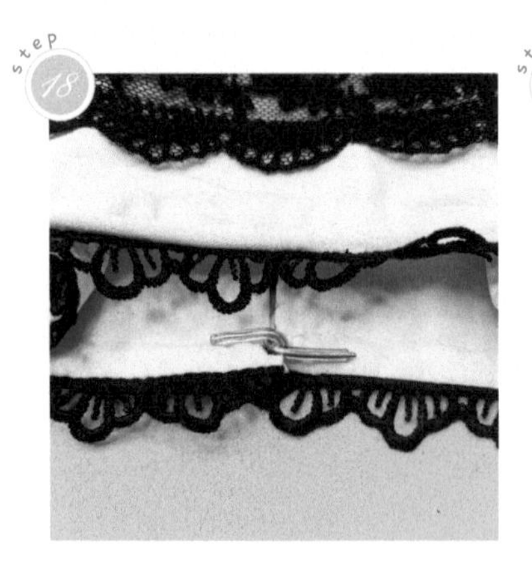

将两边铝线相互扣起来以防走位。

step 19

捏起中间位置，用线绑好。

step 20

拿出 3.5cm × 13cm 的布料把蝴蝶结中间包起来。

step 21

沿虚线缝合。

step 22

将缝合后的布料从内向外翻转过来。

step 23

蝴蝶结本体完成。

step 24

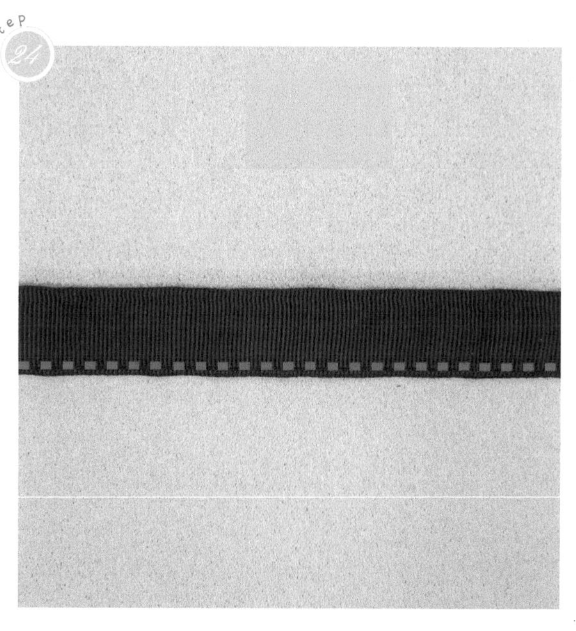

将4cm宽的罗纹织带纵向对折并缝合侧边，使中间形成通道（织带的长度必须比发箍长4cm）。

step 25

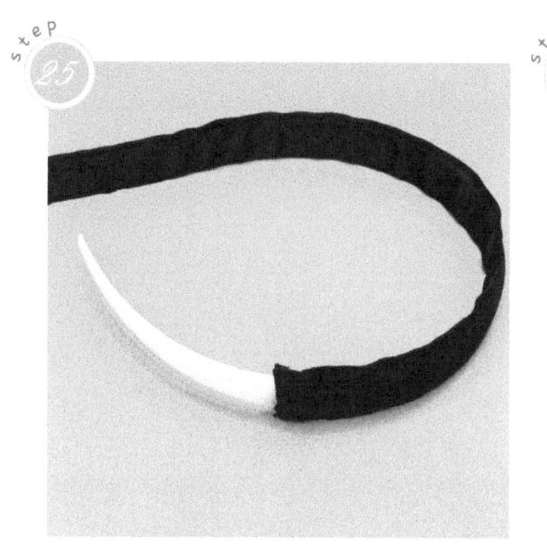

将发箍穿过通道。

step 26

分别将两边多出的部分卷起来。

step 27

将0.8cm宽蜈蚣花边粘到发箍上做装饰。

step 28

完成效果图如上。

step 29

再剪出两段 2cm × 5.5cm 的织带。

step 30

用织带把发箍的尾部包裹起来。

step 31

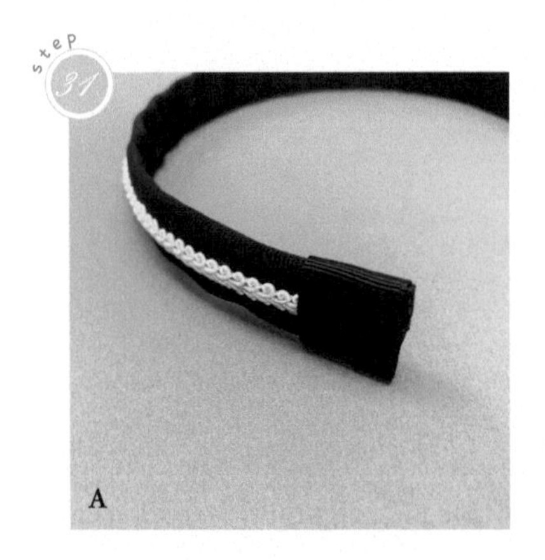

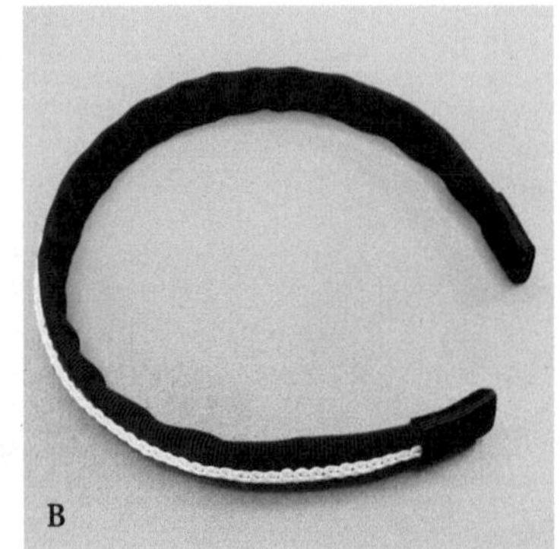

完成效果图如上。

step 32

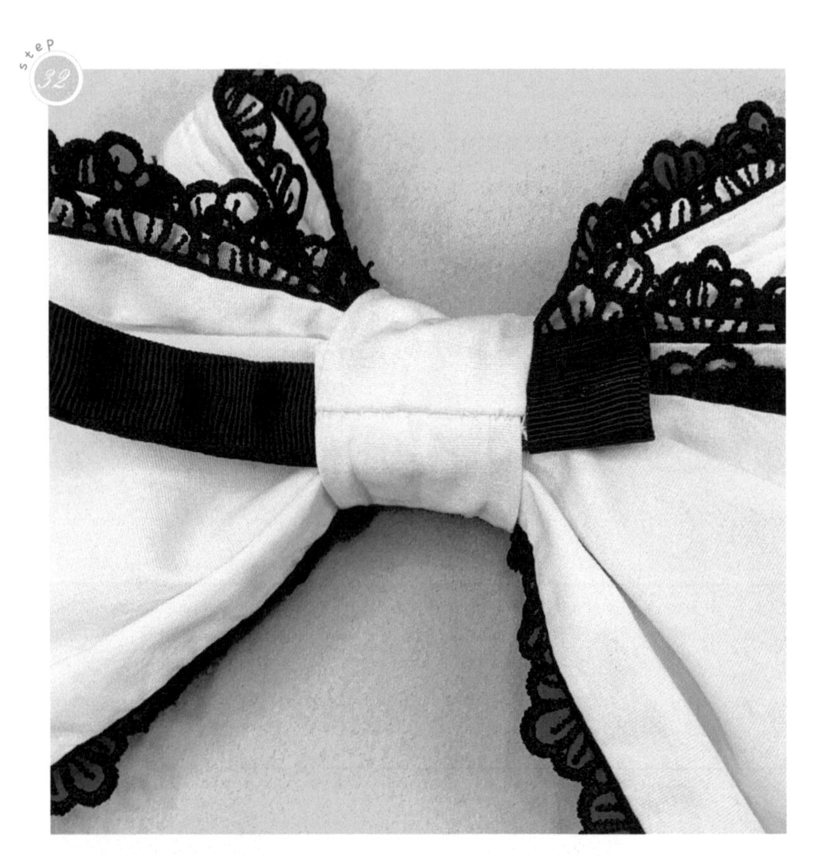

将装饰好的发箍穿过蝴蝶结中间的空位。

step 33

完成。

难度系数 ★★☆

横向蝴蝶结发饰

活到 100 岁也不会厌倦的蝴蝶结发饰。

材料与工具

重点技巧：热熔胶枪的使用

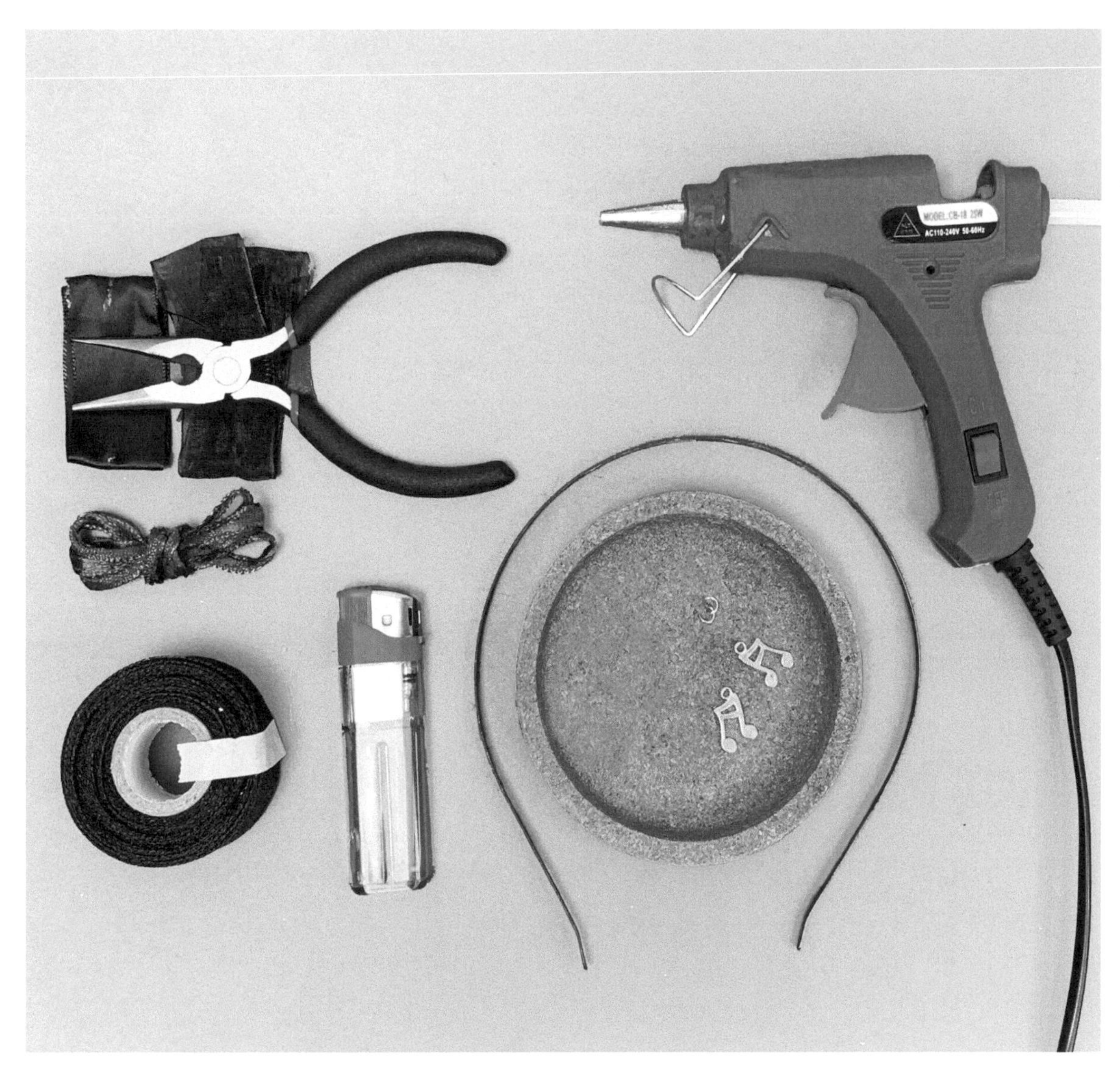

材料：2.8cm 宽丝带、2.8cm 宽雪纱织带、0.8cm 或 1cm 宽丝带、发箍、金属挂件。

工具：尖嘴钳、热熔胶枪、打火机。

横向蝴蝶结发饰

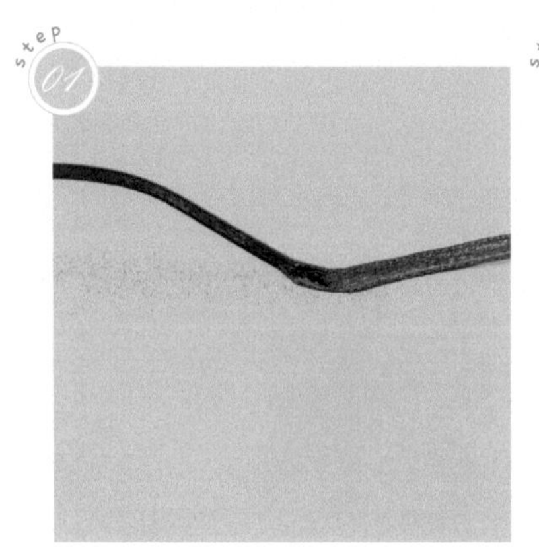

把一段 0.8cm 或 1cm 宽的丝带用固体胶固定在发箍的内侧，如上图所示。

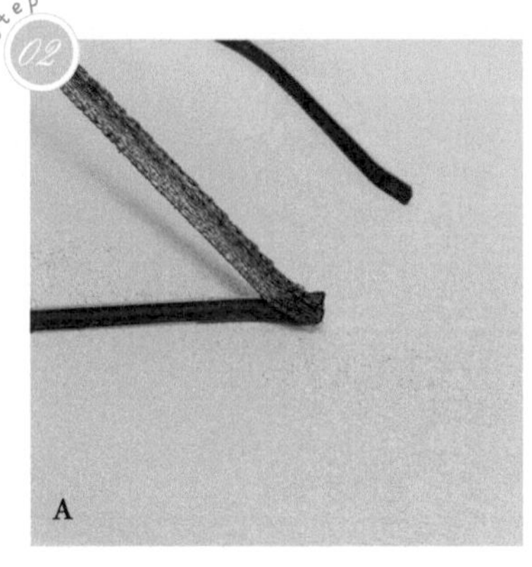

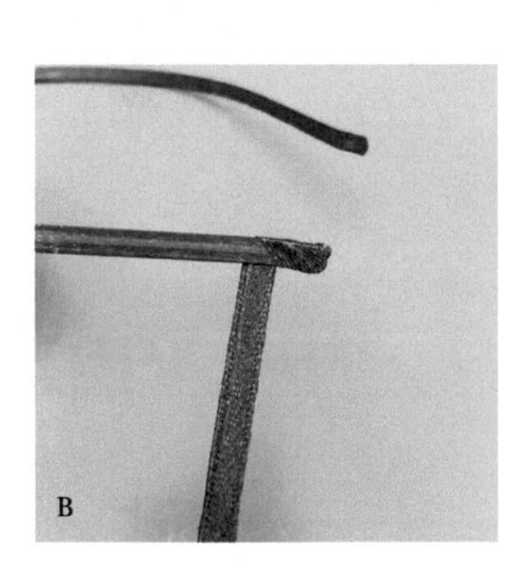

将丝带按图示的样子翻转到正面。

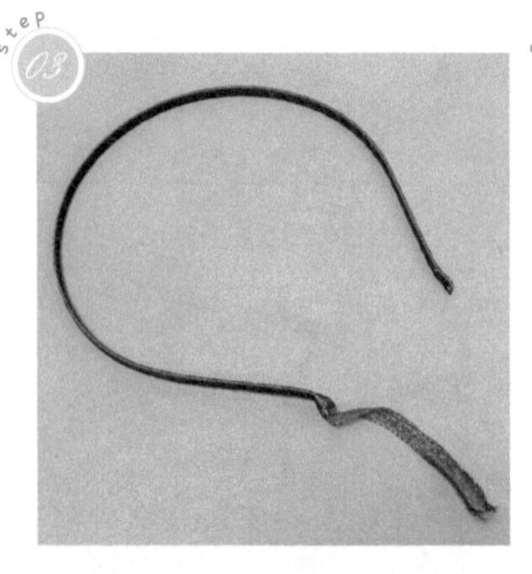

把发箍绕满，注意绕的时候，丝带之间不要留下空隙。

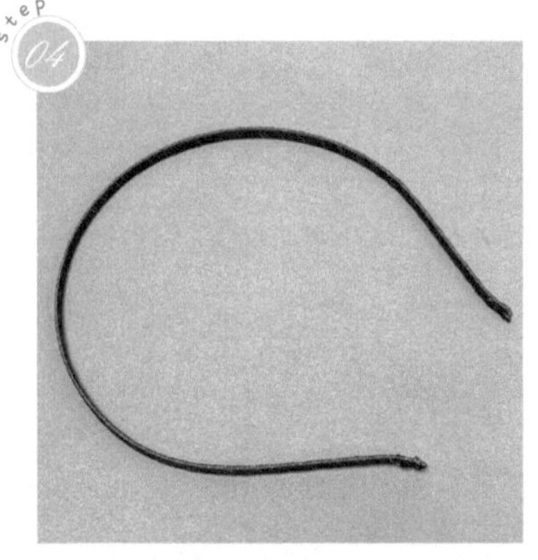

剪去多余的丝带后，用胶粘紧收尾，如上图所示。

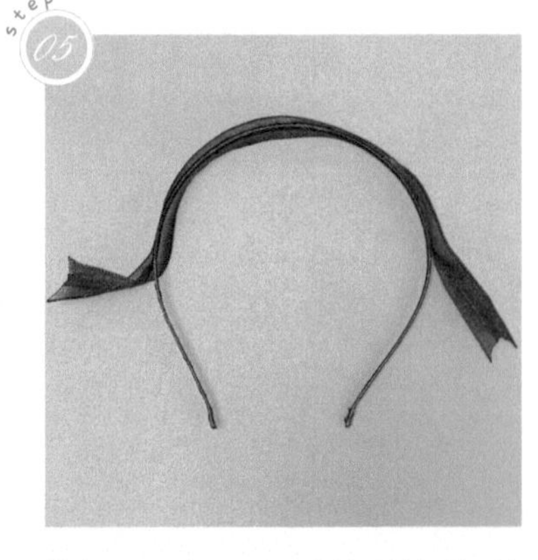

剪出 30cm 长 2.8cm 宽的雪纱织带，按图示样子粘到发箍上。织带两端各留出约 6cm 的长度无须粘贴。

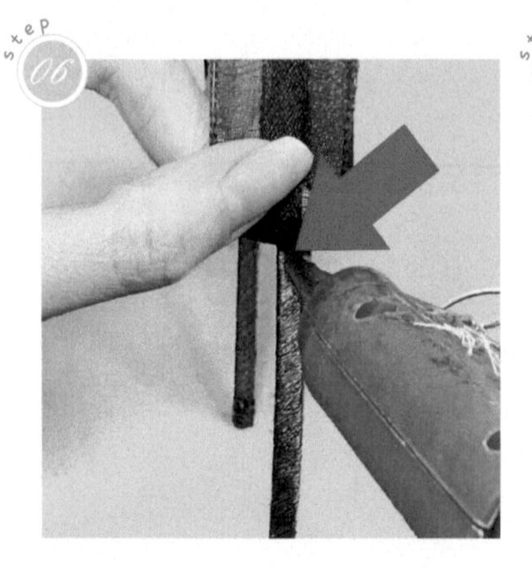

注意粘贴时一边挤胶一边按压织带，以粘紧。

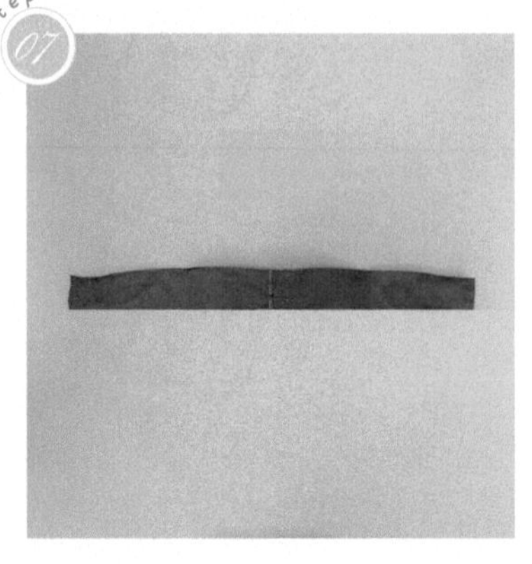

剪出 28cm 长 2.8cm 宽的丝带，找到正中位置。

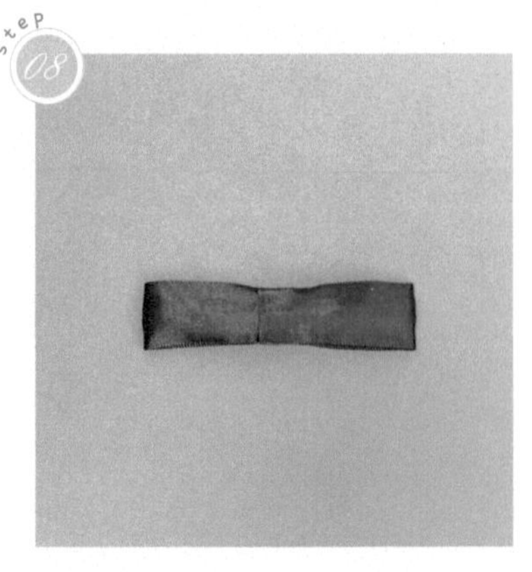

把丝带两端向内折，形成环状，如上图所示。

step 09

剪出 36cm 长 2.8cm 宽的雪纱织带，参考丝带方法折起。

step 10

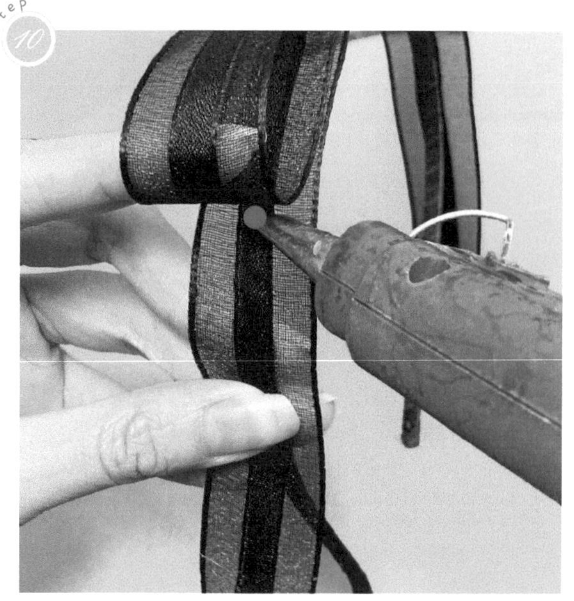

在图上画出的点处用胶固定织带环中央。

step 11

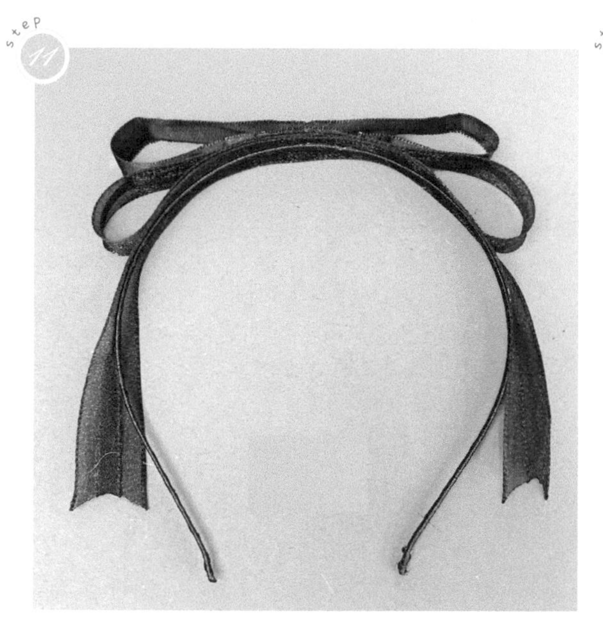

用胶固定两侧，如上图所示。用同样的方法把丝带环也固定好。

step 12

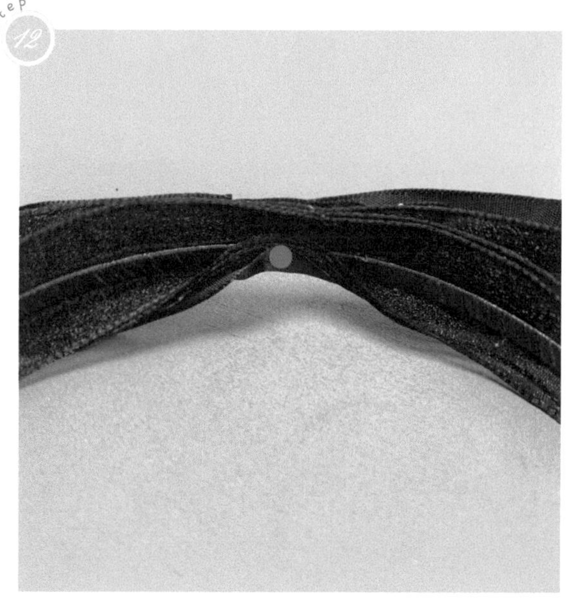

把带子沿发箍内折，并用胶固定好，如上图所示。

step 13

两边带子都往内折并固定好后，正面效果图如上。

step 14

在图中两红点位置的内侧滴胶，拉开扩大丝带间的夹角角度并固定。（上图左侧为自然状态，右侧为拉大夹角后的状态。）

step 15

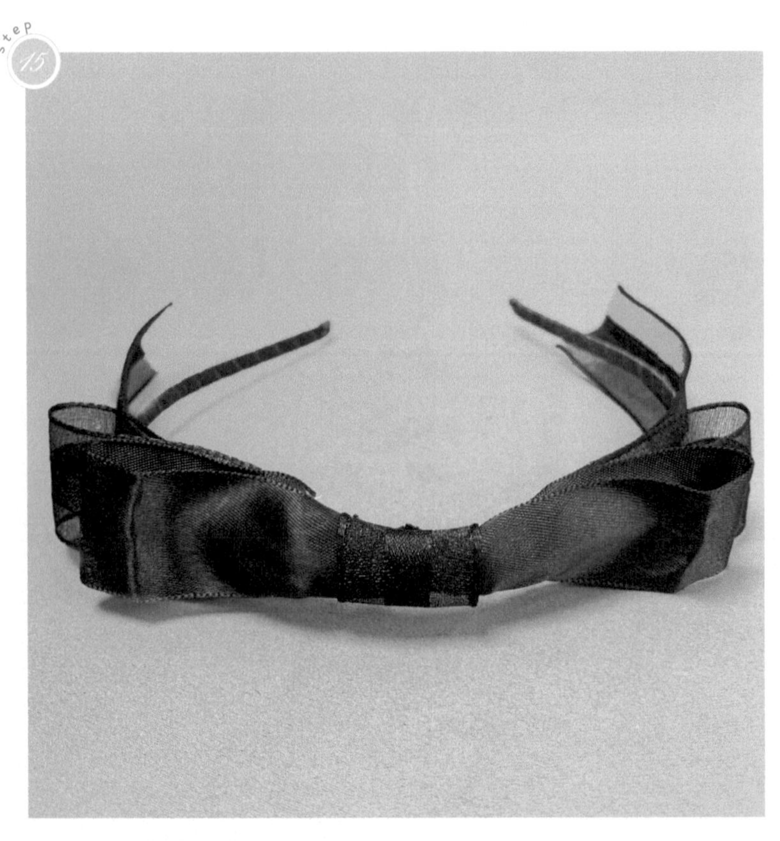

如上图，中间用织带包起。

在丝带圈的两端加上金属挂件，完成制作。

热熔胶枪需要提前加热，直到胶体自动流出；胶体自动流出后进行粘贴，会比手动挤出的胶体黏性更好，加热更完全。

难度系数 ★★★

蝴蝶结发圈

少女总少不了的配饰。

材料与工具

重点技巧：发圈及基础蝴蝶结的制作

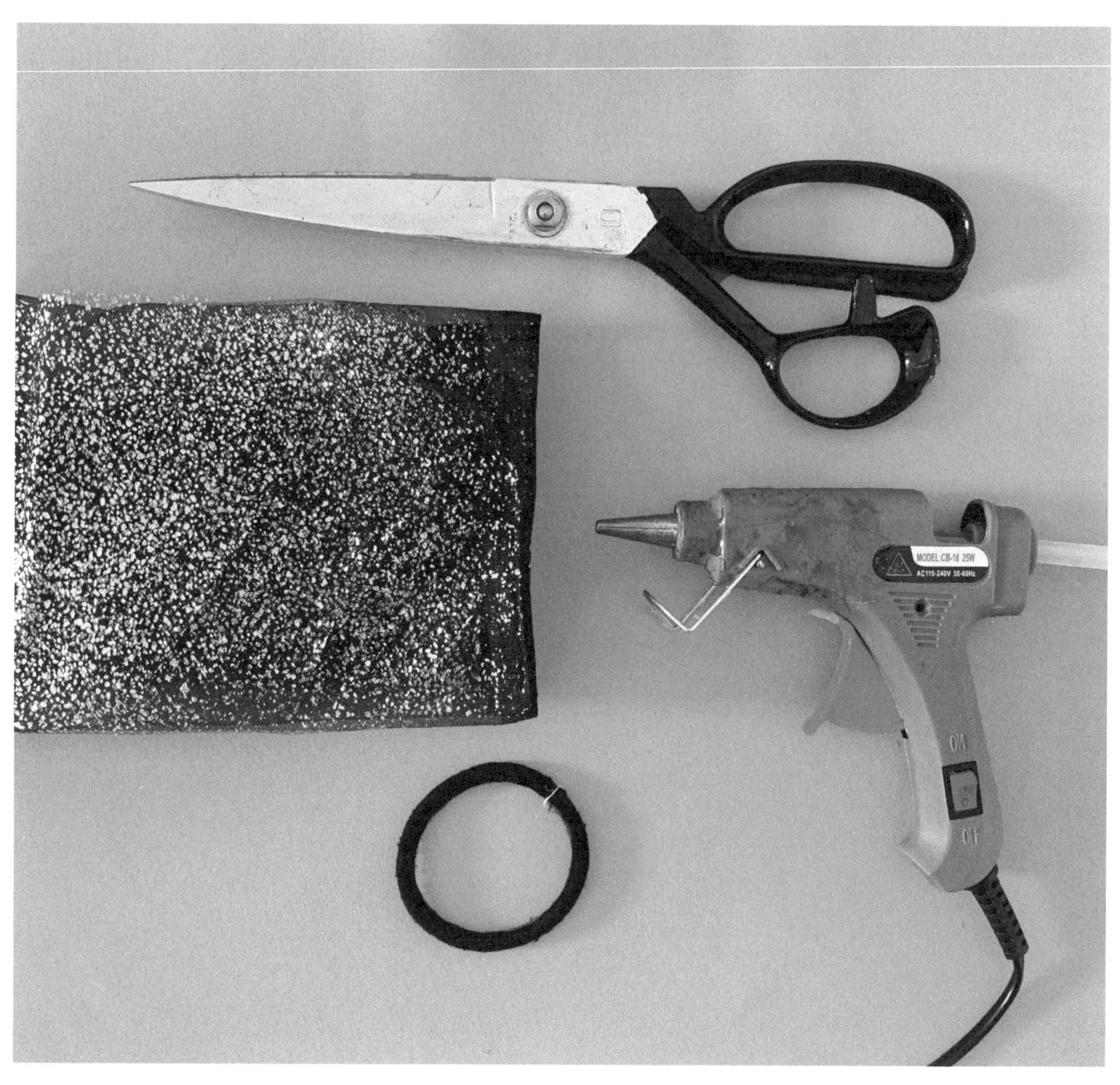

材料：橡皮筋发圈、纱。

工具：裁缝剪、热熔胶枪。

拼接蝴蝶结发圈

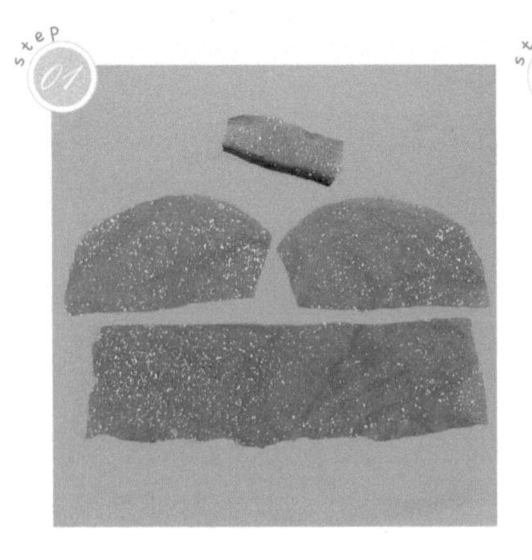

按照纸样裁剪出上图的形状。

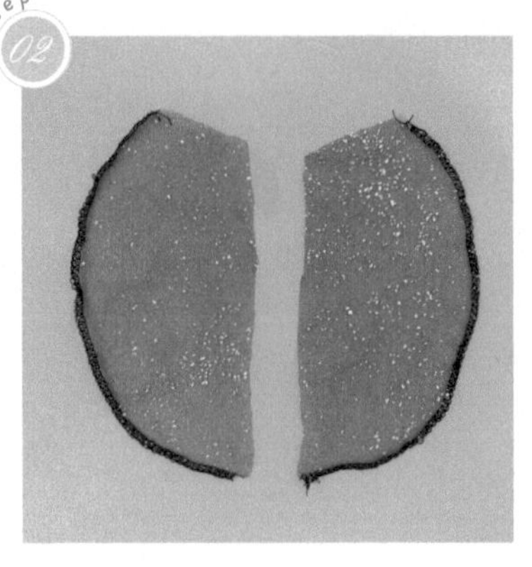

对蝴蝶结的两个下摆锁边。

对折长方形纱得出中线，将两边叠起到中线处， 沿图中所示的红线在上下侧缝各缝一条固定线。

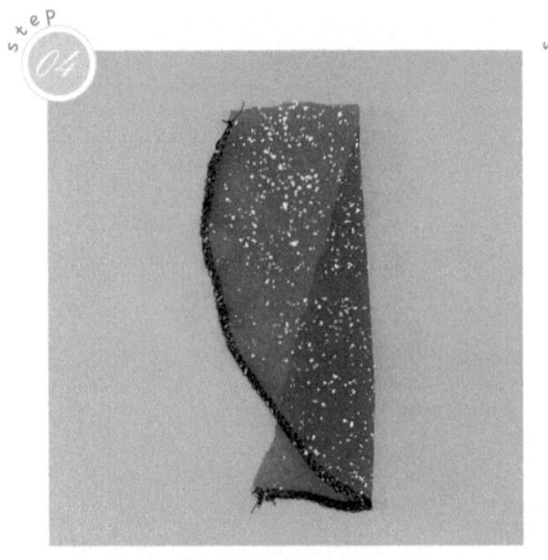

按照 04~07 的步骤折叠蝴蝶结的下摆。

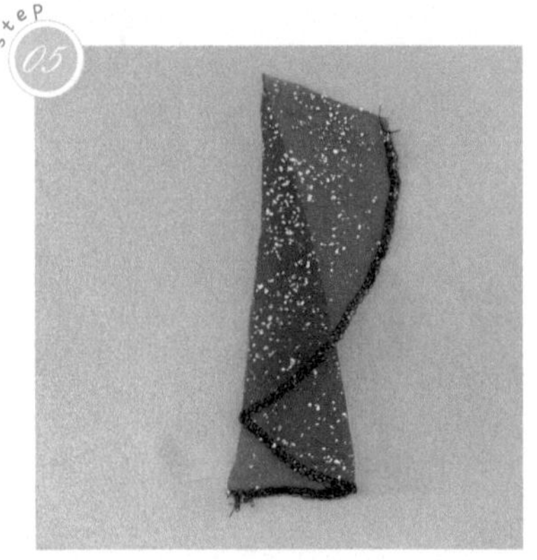

稍微熨烫做固定，再翻折。

接图示进行折叠。

按图示叠好，然后用熨斗熨烫压实。

重复 04~07 的步骤，做出对称的另一个下摆。

把刚刚准备好的长方形纱从内向外翻出来。

组合 3 份部件。

用同色系的线将 3 个部件固定到一起。

将发圈与蝴蝶结一起缝合固定。

拿出最后一块小长方形纱，用它把蝴蝶结和发圈的连接部分包裹起来。

完成。

难度系数 ★★★

枕头头饰

重点技巧：转角缝纫与饰品填充处理

甜系可爱日常的饰品。

材料与工具

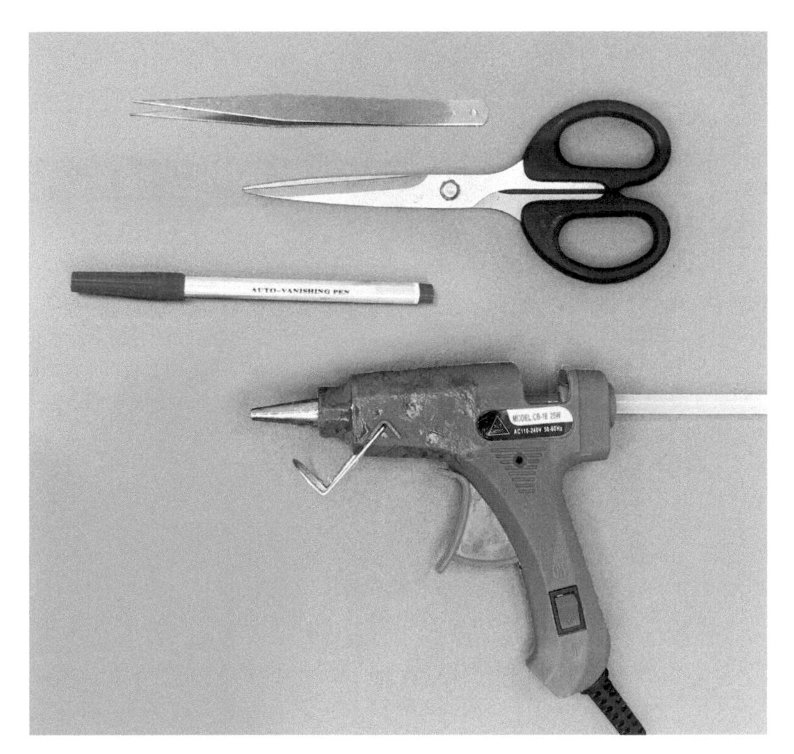

材料：印花布、0.3cm 宽丝带、PP 棉、0.9cm 宽花边、鸭嘴夹。

工具：镊子、水消笔、手工剪、热熔胶枪、针线。

心形枕头头饰

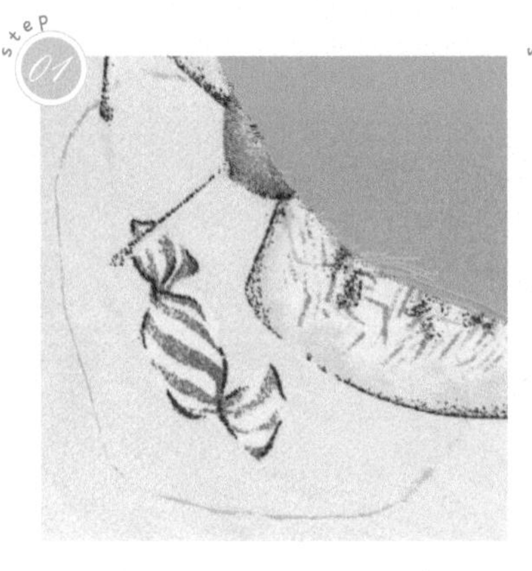

在印花布上找到自己想要的图案，用水消笔画出想要的形状，并剪下来。

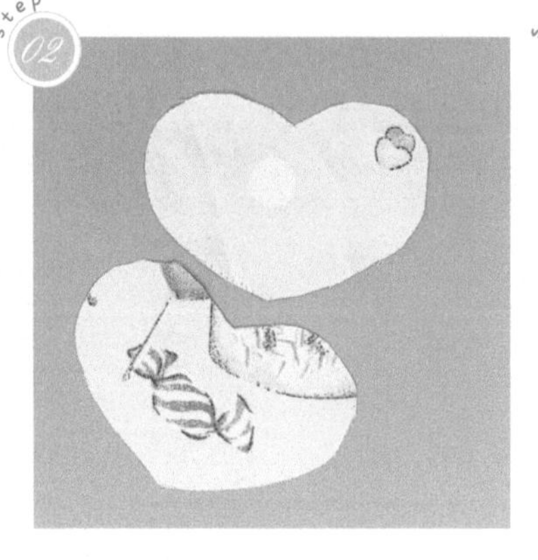

剪出同等大小的另一块布料备用。

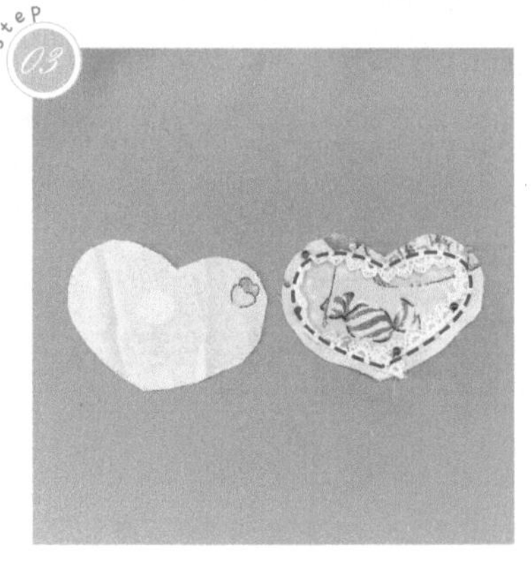

沿布料边缘 1cm 的位置缝上花边固定。

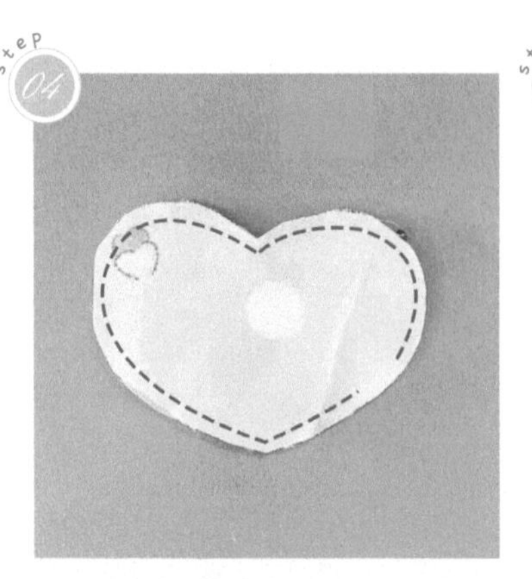

把另一块布料的背面朝上，叠在缝好花边的布料上面，把花边夹在两块布中间，按图示红色虚线缝合，预留 3cm 开口。

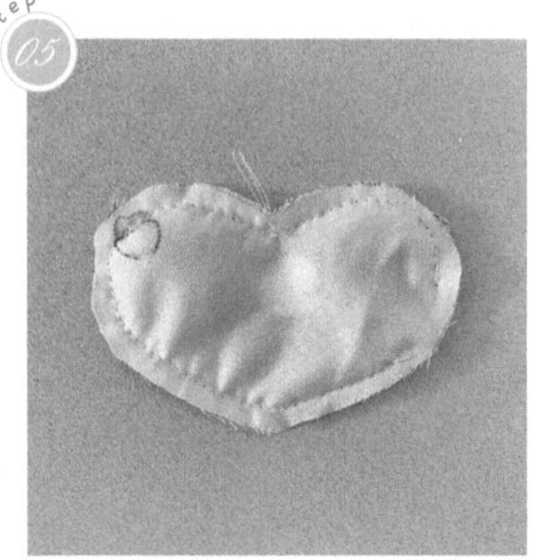

缝好后的效果图如上。

从开口处将心形从内向外翻出来。

用镊子将棉花从开口处塞进去。

用针线将开口缝合。

在心形背面粘上鸭嘴夹。

step 10

在心形正面粘上装饰用的蝴蝶结，完成制作。

难度系数 ★★★☆

重点技巧：基础发带的制作，缝纫与串珠结合

发带

使用发带是变换造型的最简单的方式。

材料与工具

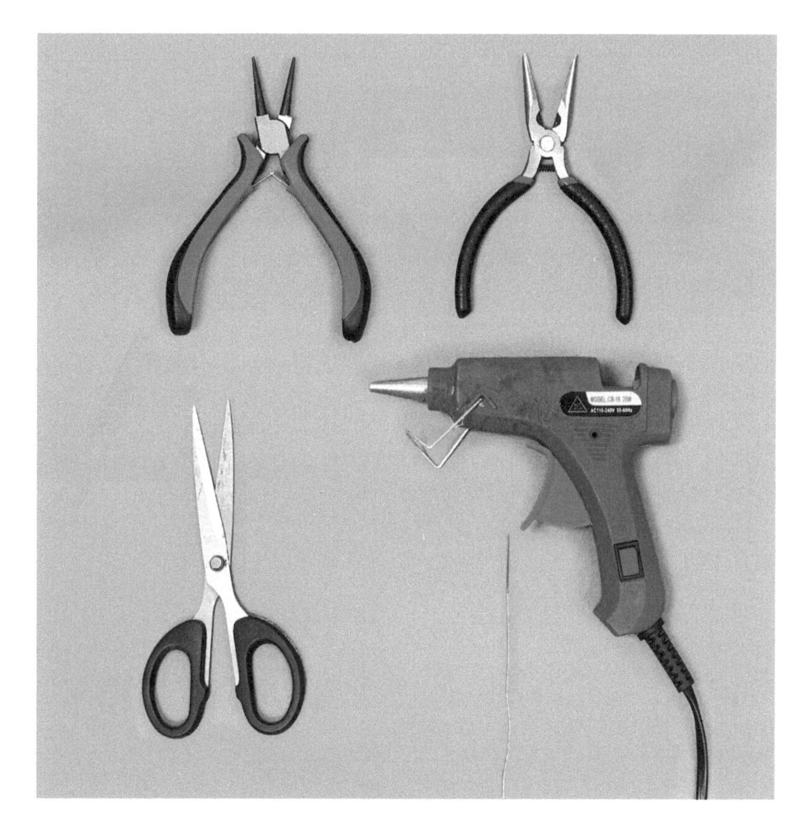

材料：4.5cm 宽单边网纱蕾丝、2cm 宽单边棉质蕾丝、1.1cm 宽单边水溶蕾丝、1.2cm 宽双边网纱蕾丝、3.8cm 宽罗纹织带、4cm 长鸭嘴夹、仿珍珠、9 字针、装饰星星。

工具：热熔胶枪、尖嘴钳、圆头钳、手工剪、针线。

蕾丝发带

step 01

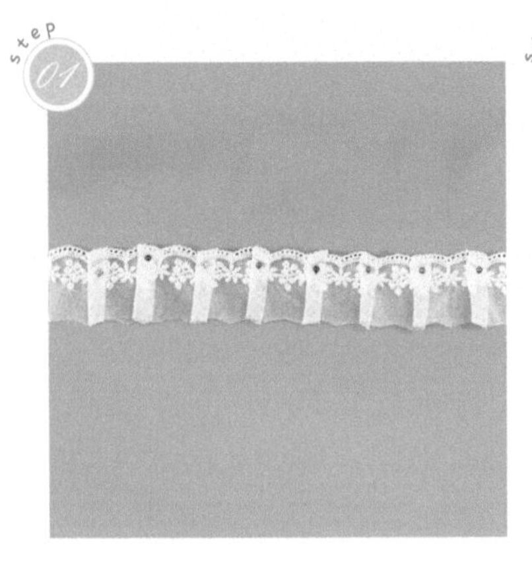

将 4.5cm 宽单边网纱蕾丝按图示打褶。

step 02

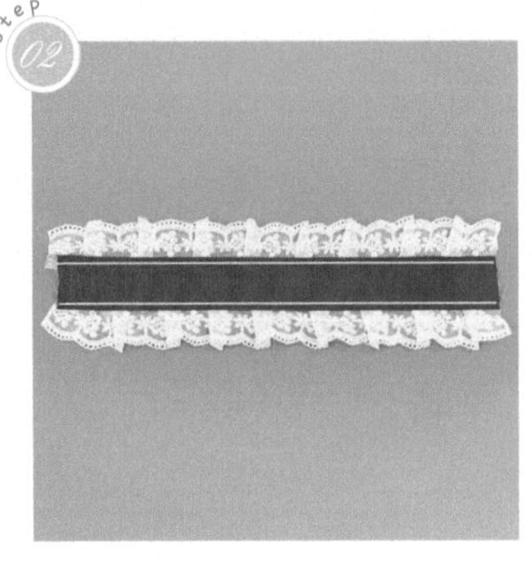

剪出两段 34cm 长的 3.8cm 宽罗纹织带，烤边防止脱线。将打好褶的蕾丝夹在两条罗纹织带的两端，两端各留出约 2cm。沿边线缝合固定。

step 03

翻到正面，将 2cm 宽单边棉质蕾丝固定在第一层蕾丝上，使其层次更丰富。

step 04

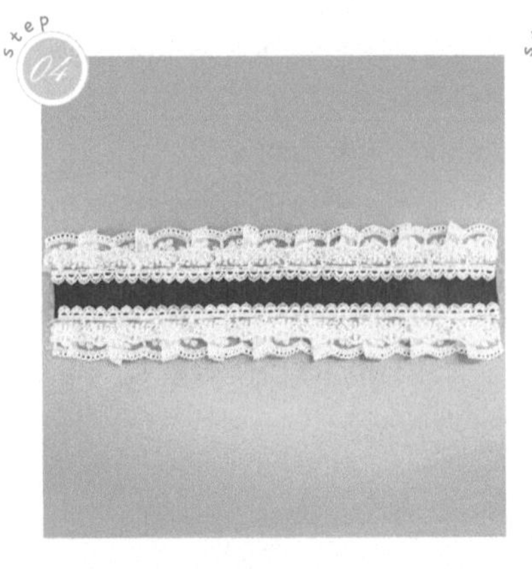

将 1.1cm 宽单边水溶蕾丝按图示固定在织带上。

step 05

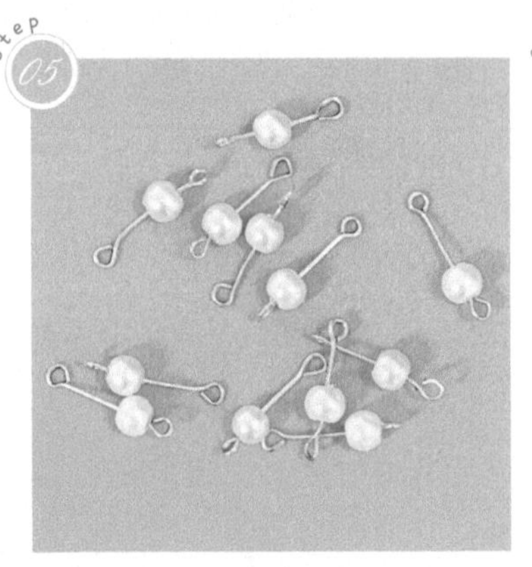

用 9 字针穿上仿珍珠备用。

step 06

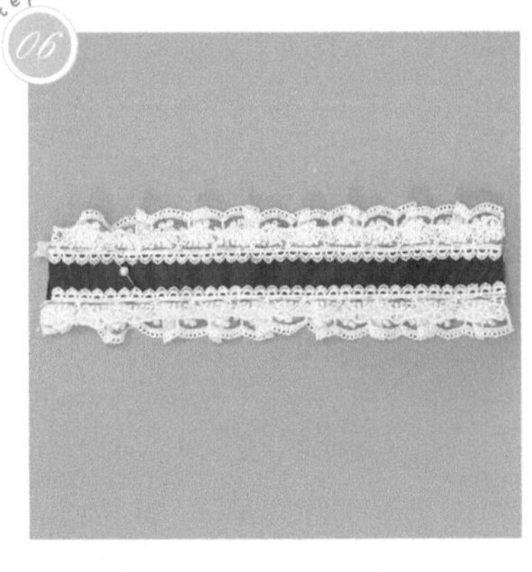

用尖嘴钳将穿着仿珍珠的 9 字针挂到水溶蕾丝上。

step 07

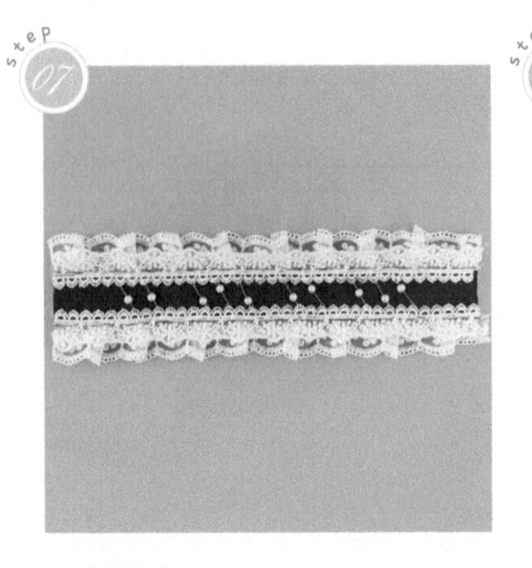

完成效果图如上。

step 08

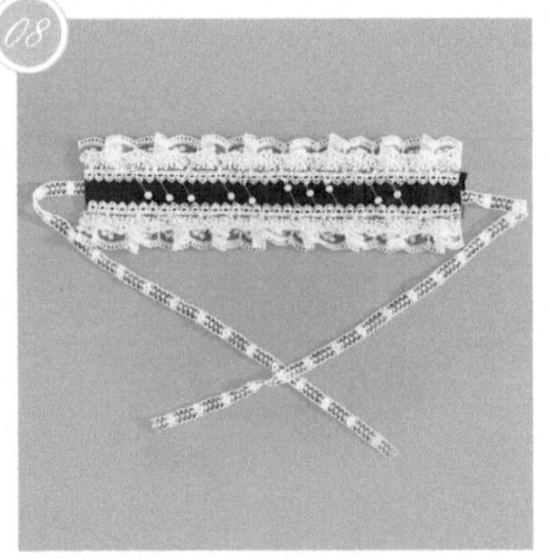

剪出两条 44cm 长 1.2cm 宽的双边网纱蕾丝，边缘塞入两条罗纹织带中间位置，作为绑带。

step 09

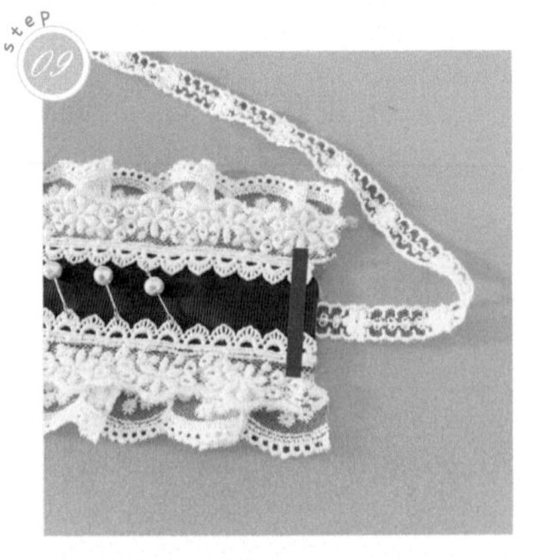

把两条织带的尾端都各往内折 1cm，夹住绑带，沿线缝合固定。

step 10

用织带、蕾丝分别做两个小蝴蝶结和两个大蝴蝶结。

step 11

将蝴蝶结固定到发带上，注意使用蝴蝶结遮盖蕾丝的切口。

step 12

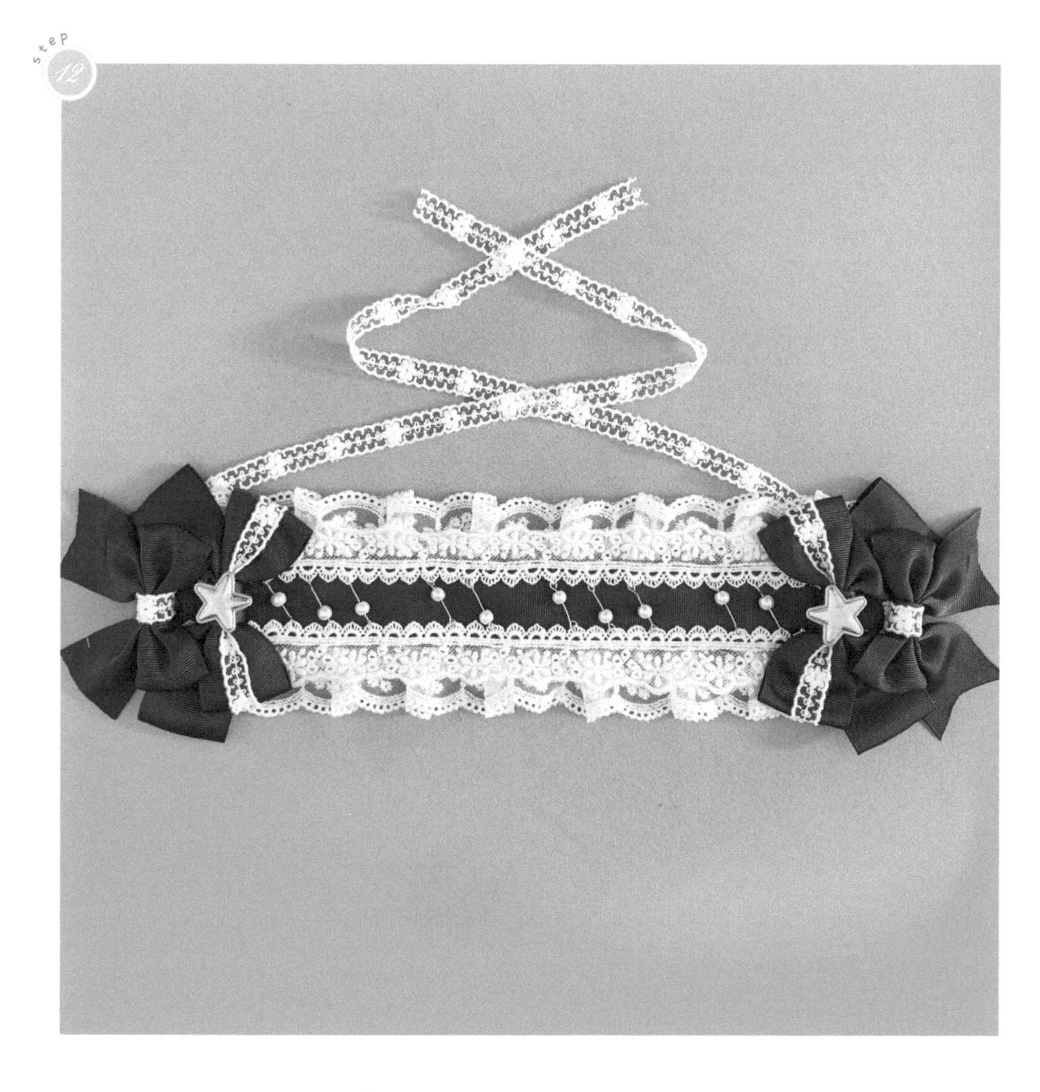

将星星粘在蝴蝶结上，完成最后的装饰。

难度系数 ★★

编织发饰

每次编织都有不一样的惊喜。

材料与工具

重点技巧：三股编的编法

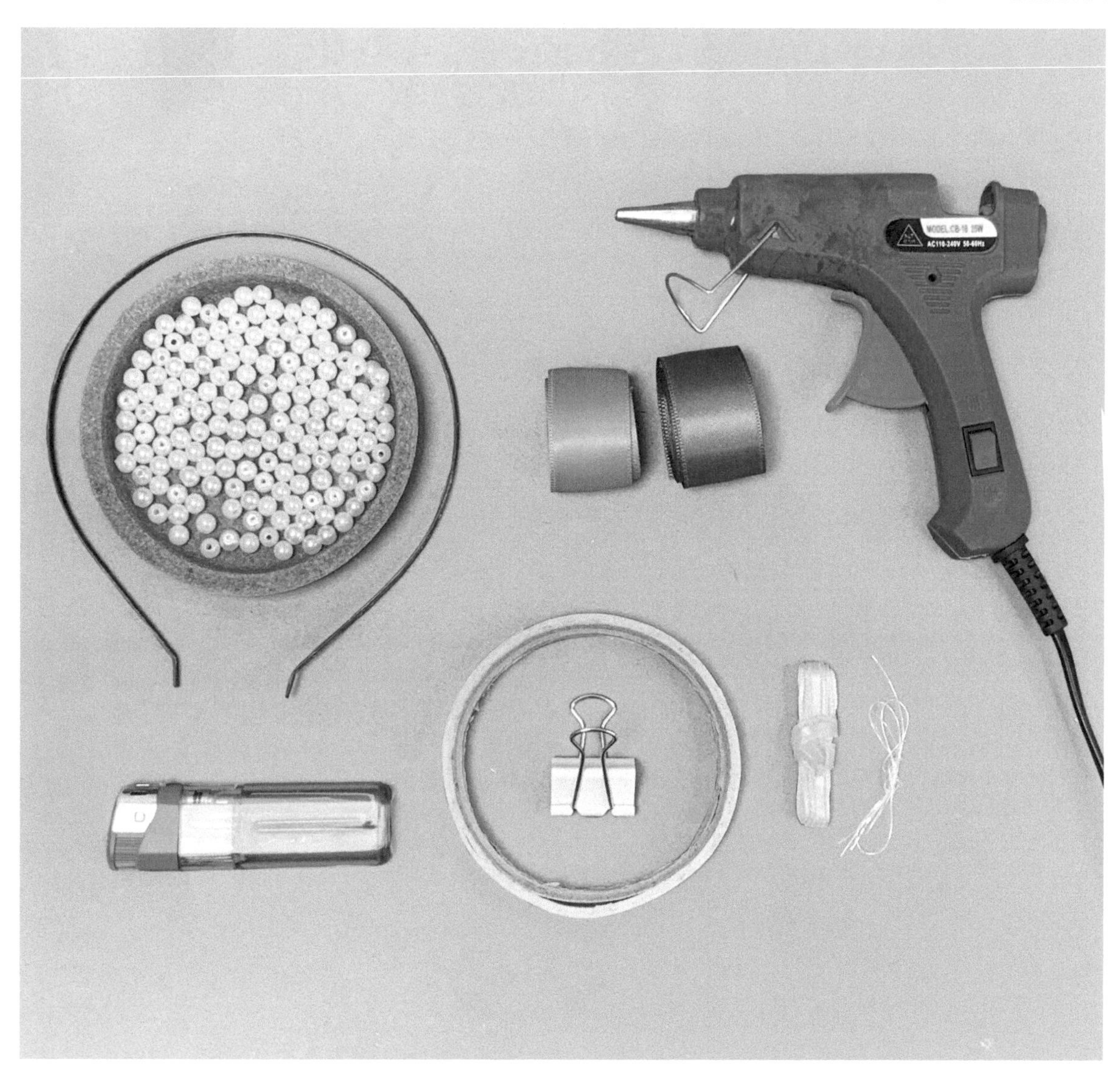

材料：仿珍珠、发箍、鱼丝线、2cm 宽丝带（两色）、0.5cm 宽丝带（建议选取与 2cm 宽丝带中任意一色接近的颜色）。

工具：热熔胶枪、打火机、双面胶、反尾夹。

三股编发饰

step 01

用双面胶沿发箍内外贴一圈。

step 02

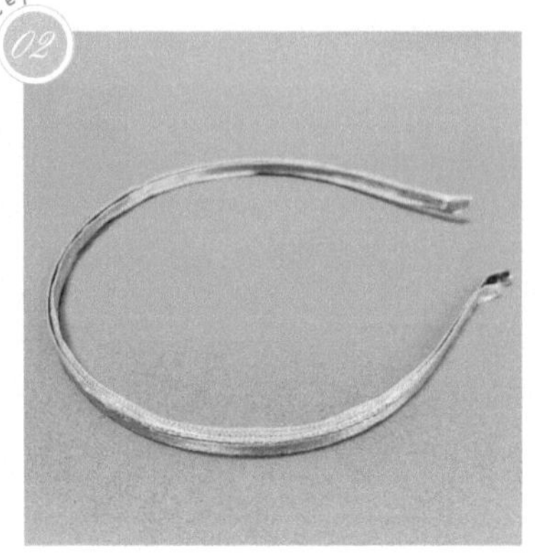

贴上 0.5cm 宽的丝带，包好发箍。

step 03

用鱼丝线将仿珍珠串成珠链。

step 04

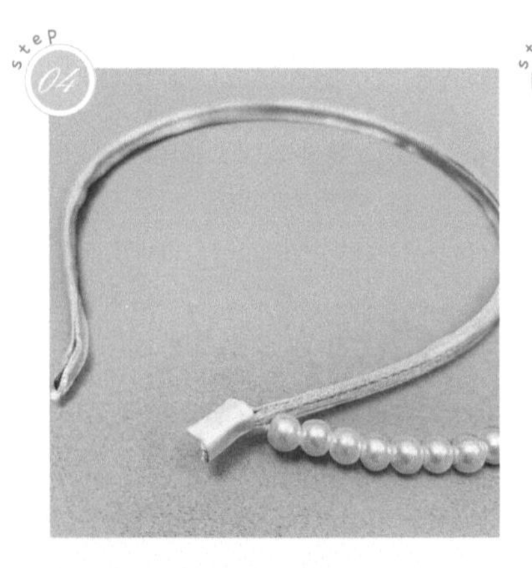

把珠链一端放好后粘上双面胶。

step 05

把其中一色的 2cm 宽丝带按图示固定一端。

step 06

将丝带按图示绕紧后，外面再贴一层双面胶。

step 07

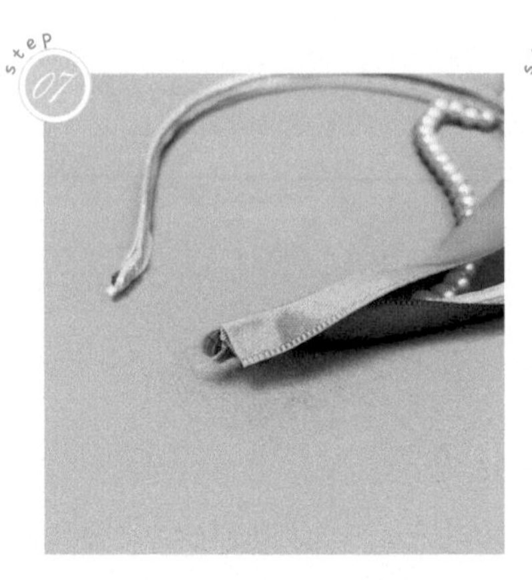

把另外一色的丝带也绕好，并固定。

step 08

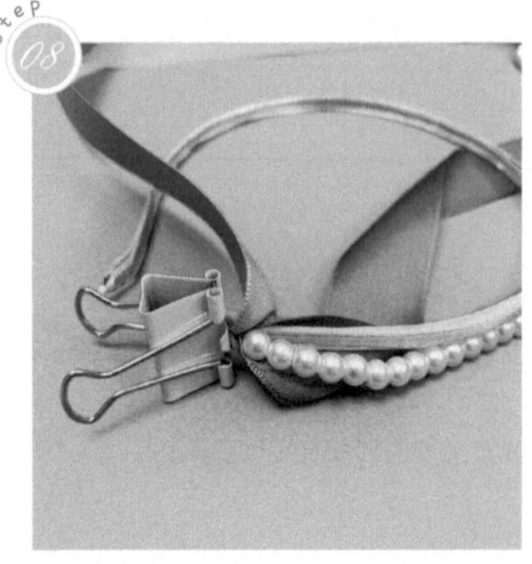

因编织时有一定的拉扯，为了防止脱落，我们用反尾夹夹紧尾端。

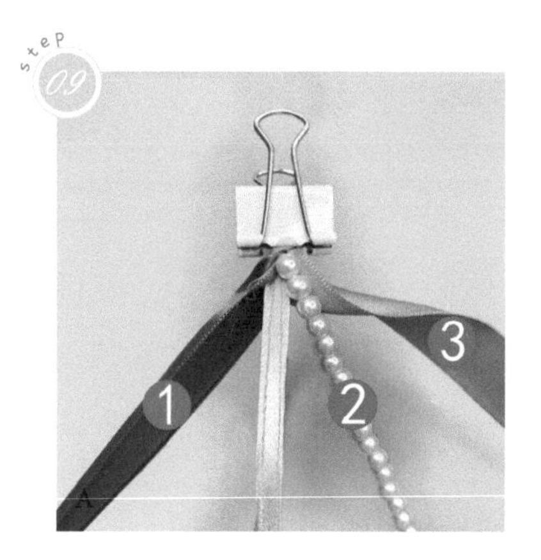

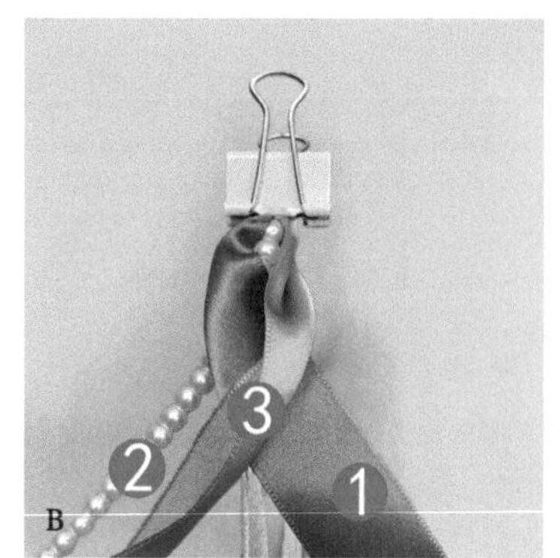

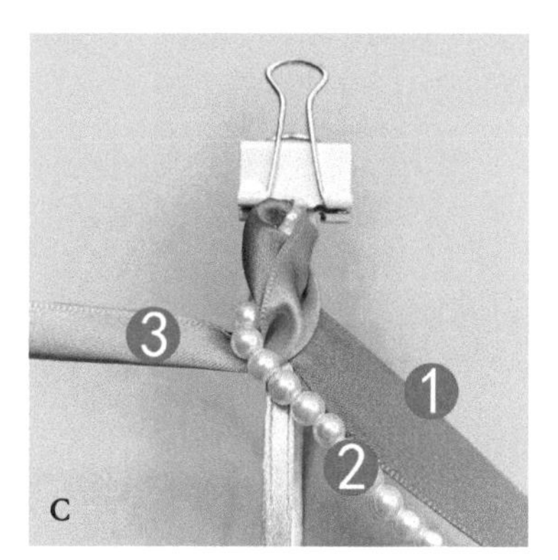

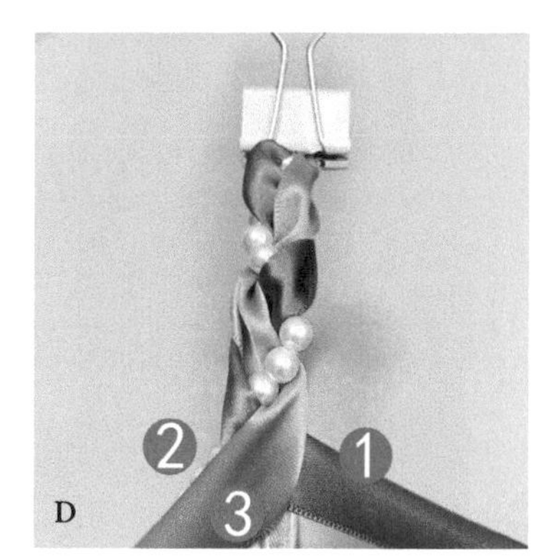

按图示步骤编织。注意编织时不要把丝带拉太紧。

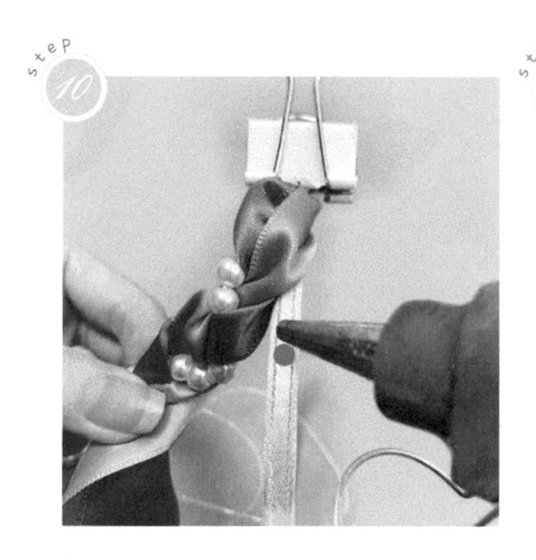

每编织 2~3cm 用热熔胶进行一次固定，把编的部分贴到发箍上，直到收尾位置。

末端移除多余的仿珍珠后，留出 1cm 长的鱼丝线。

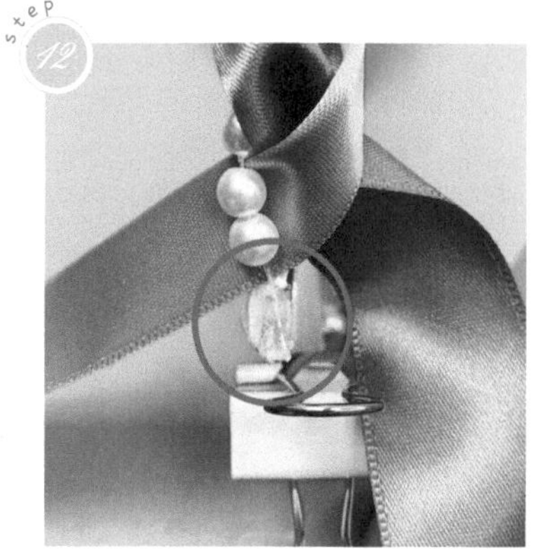

把鱼丝线固定好后，贴一圈双面胶。

step 13

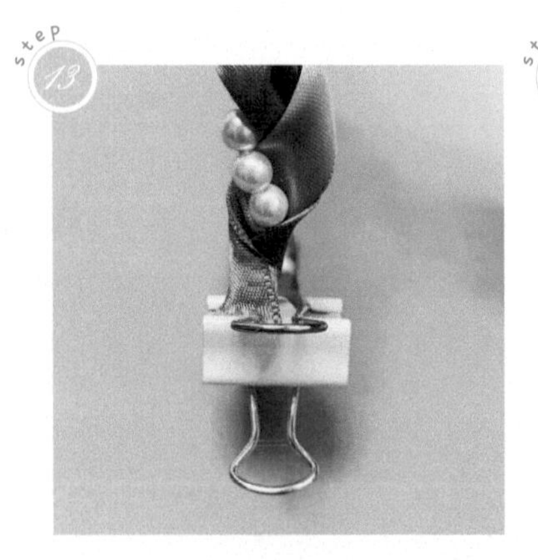

参考开头，绕好两色丝带并剪去多余的部分。

step 14

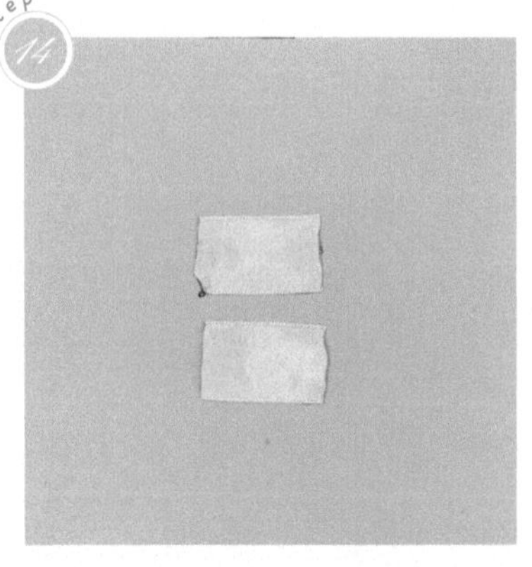

剪两条约 5cm 长的丝带，烤边防脱。

step 15

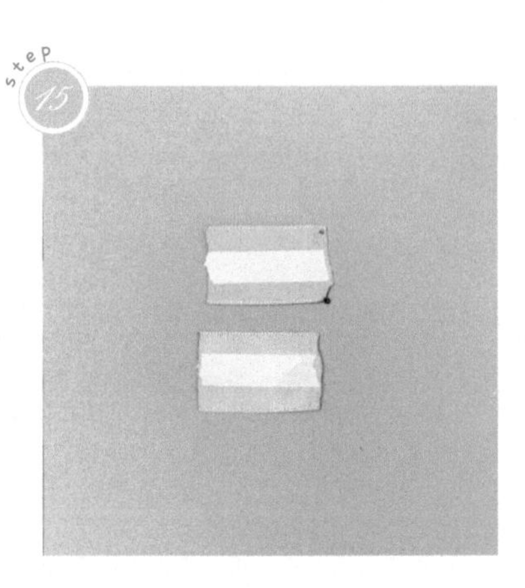

在丝带中间粘上双面胶。

step 16

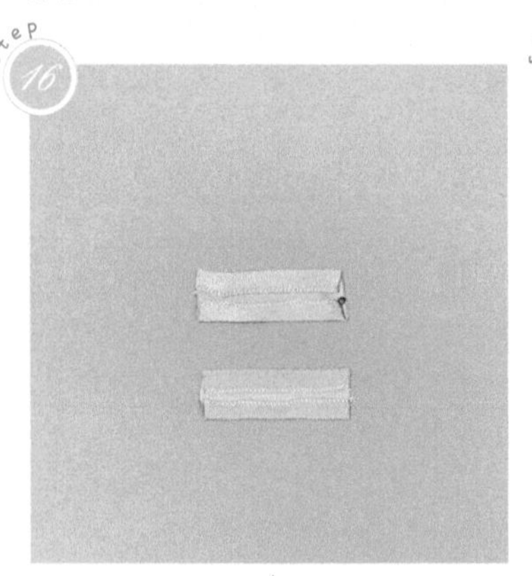

向中间折起。

step 17

将丝带包裹在发箍尾端。

step 18

将另外一端也包裹好，完成。

案例拓展：四股编编织发饰

材料与工具

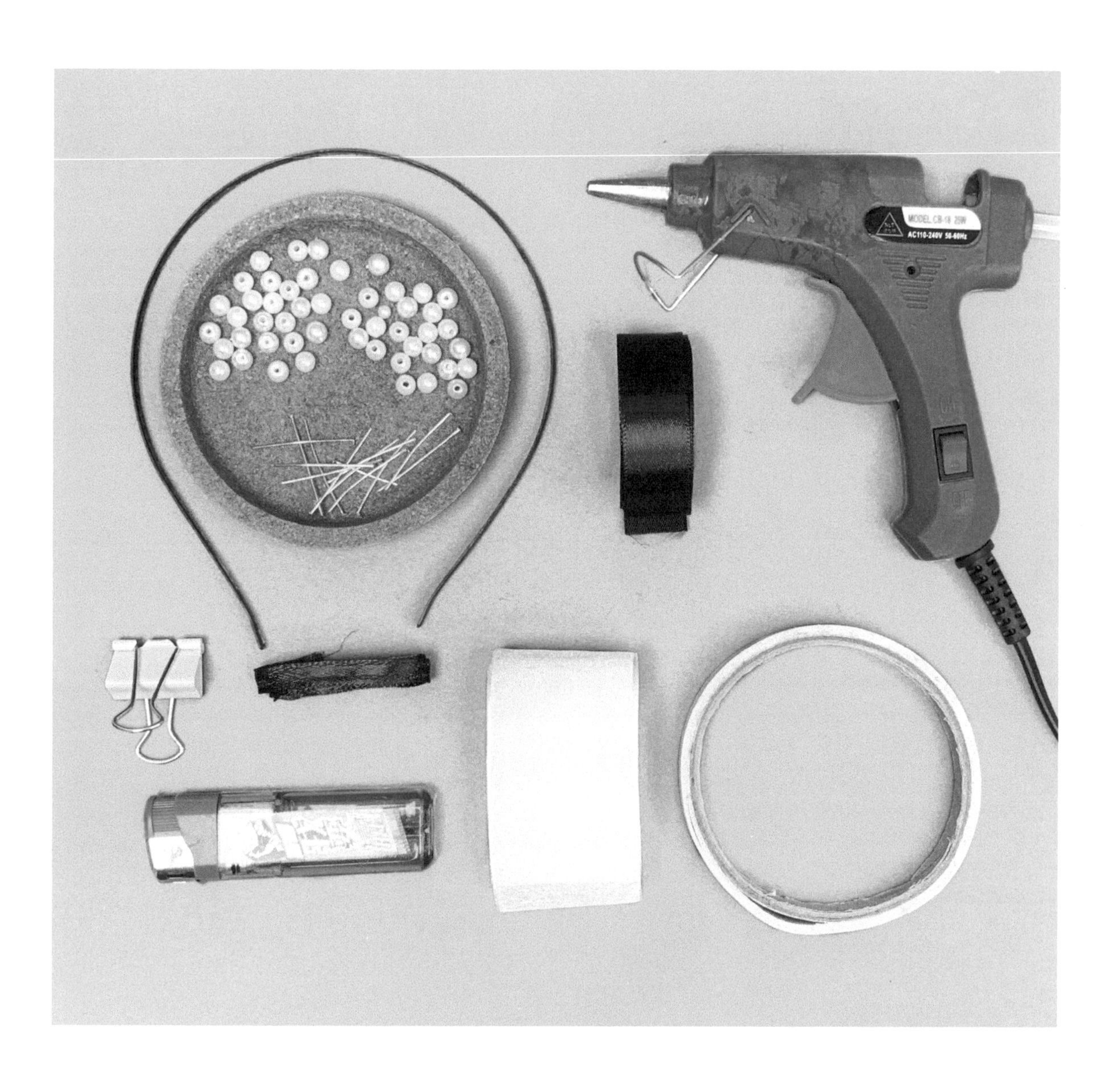

材料：仿珍珠、发箍、9 字针、2cm 宽丝带、同色 0.5cm 宽丝带、4cm 宽雪纱织带。

工具：热熔胶枪、打火机、双面胶、反尾夹。

四股编发饰

参考上一个案例，包好发箍。

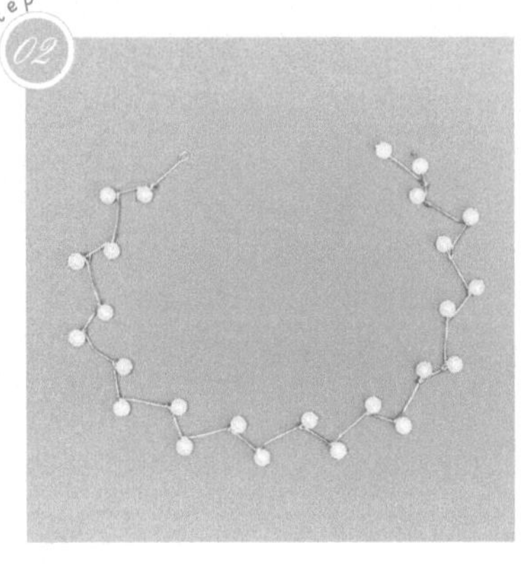

参考“锁骨链 A”的编法，用 9 字针将仿珍珠穿成图中款式的项链。

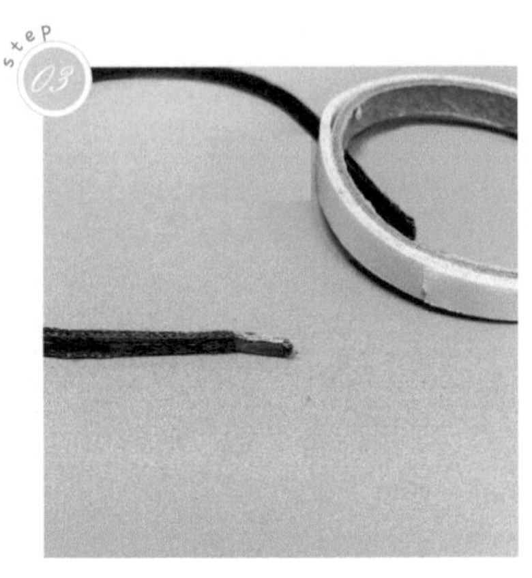

用双面胶绕发箍一端一圈。

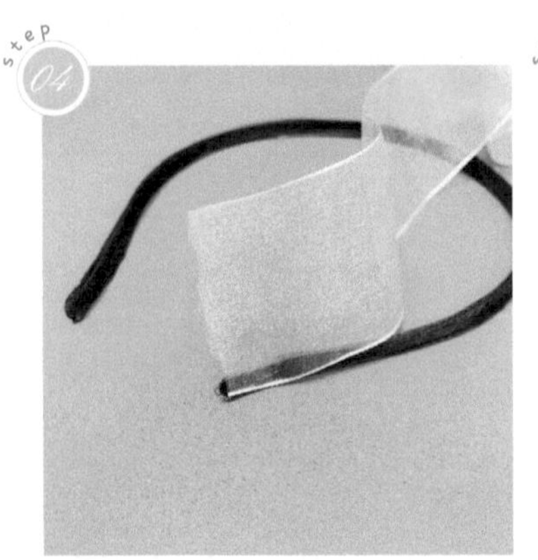

贴上雪纱织带。

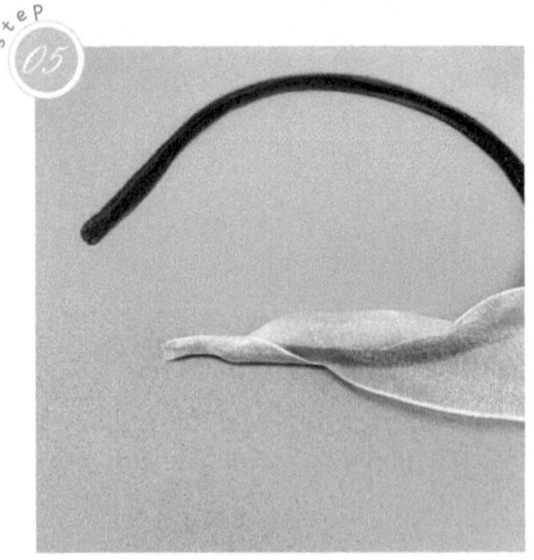

把雪纱织带绕好，再贴一圈双面胶。

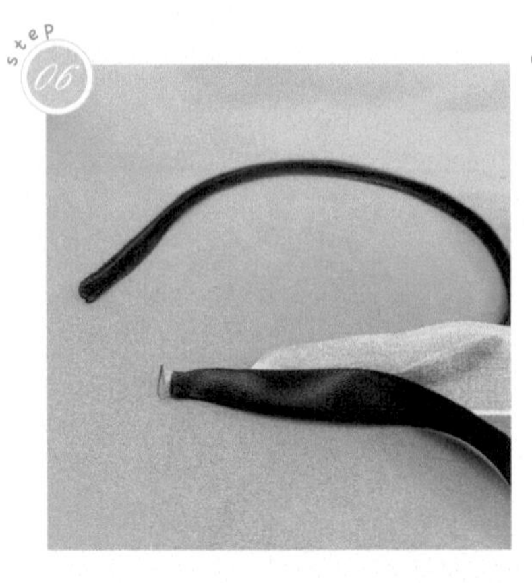

贴上 2cm 宽的丝带并绕好，之后用反尾夹夹住末端。

在离尾端约 6cm 的位置，用胶固定珠链的首颗珠子。

step 08

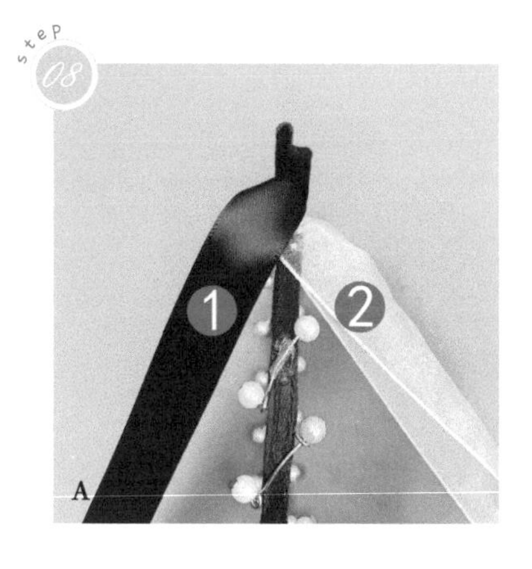

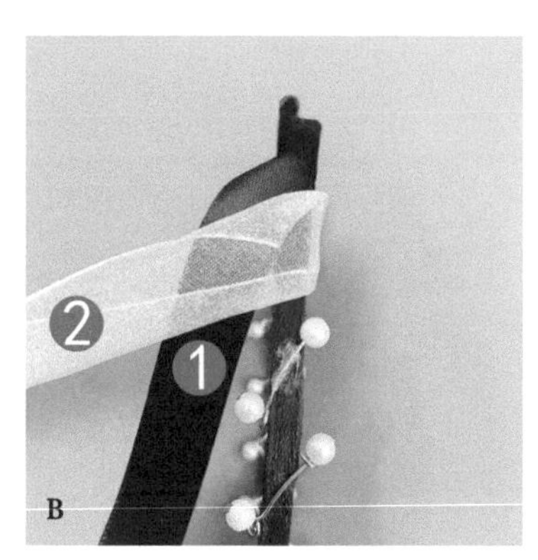

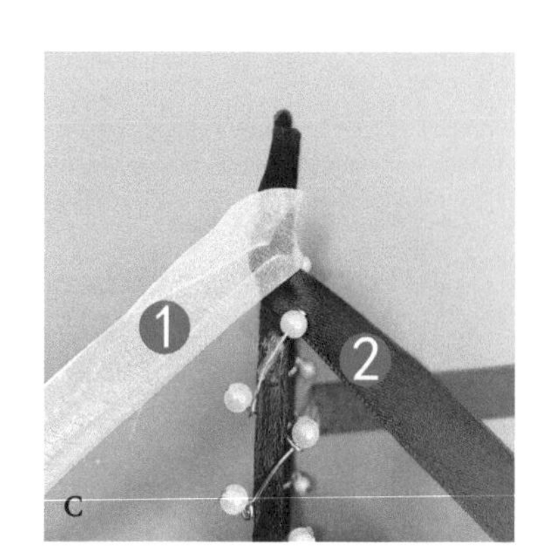

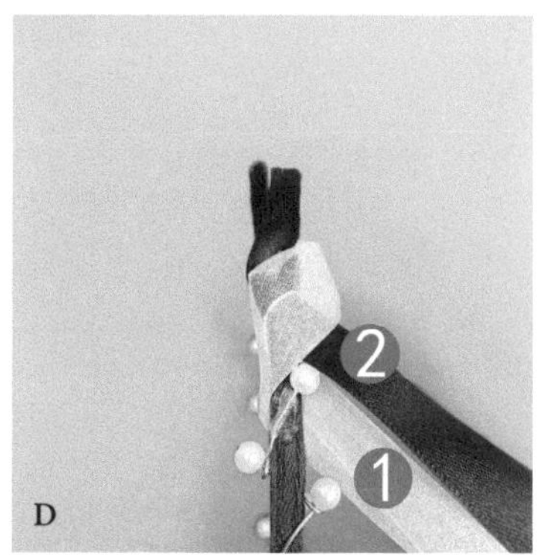

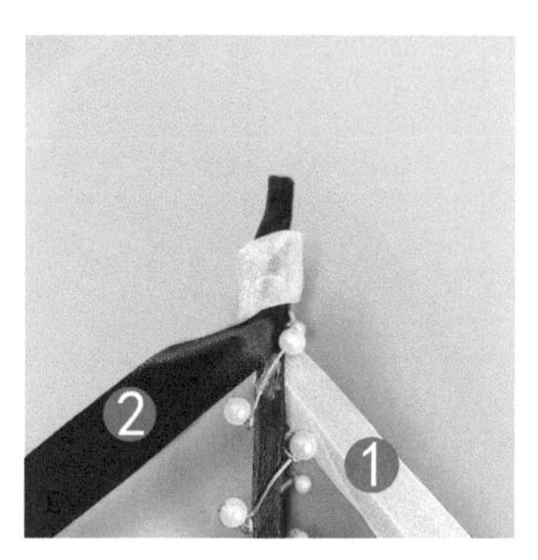

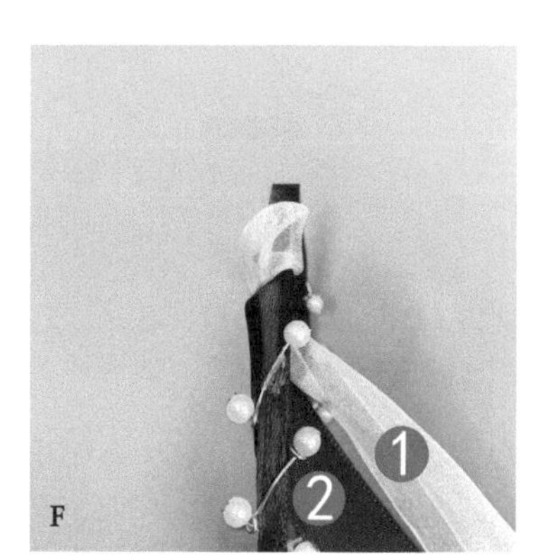

按图示步骤编织。

step 09

编织时注意利用雪纱织带和丝带遮盖绕发箍的 9 字针，只露出两端的珠子。

step 10

编织到末尾，参考上一个案例包好雪纱织带和丝带。

step 11

同样剪出丝带包裹末尾。

step 12

剪出两条 22cm 长的丝带。

step 13

参考“小礼帽”的蝴蝶结做法，制成蝴蝶结。

将蝴蝶结固定到发箍上，完成。

难度系数 ★★★

小礼帽

新颖别致的小礼帽。

重点技巧：多种蝴蝶结的制作

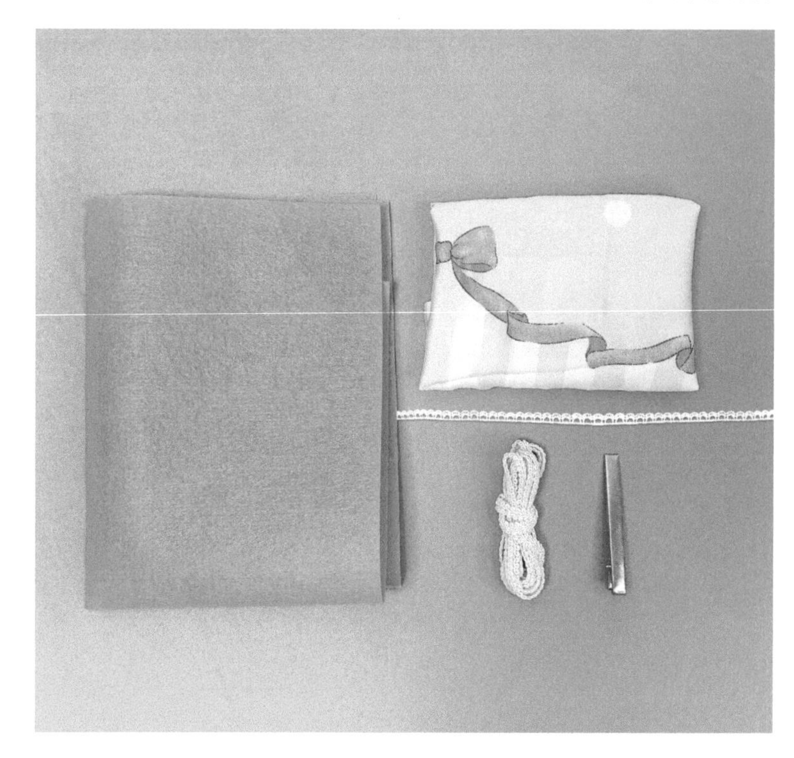

材料与工具

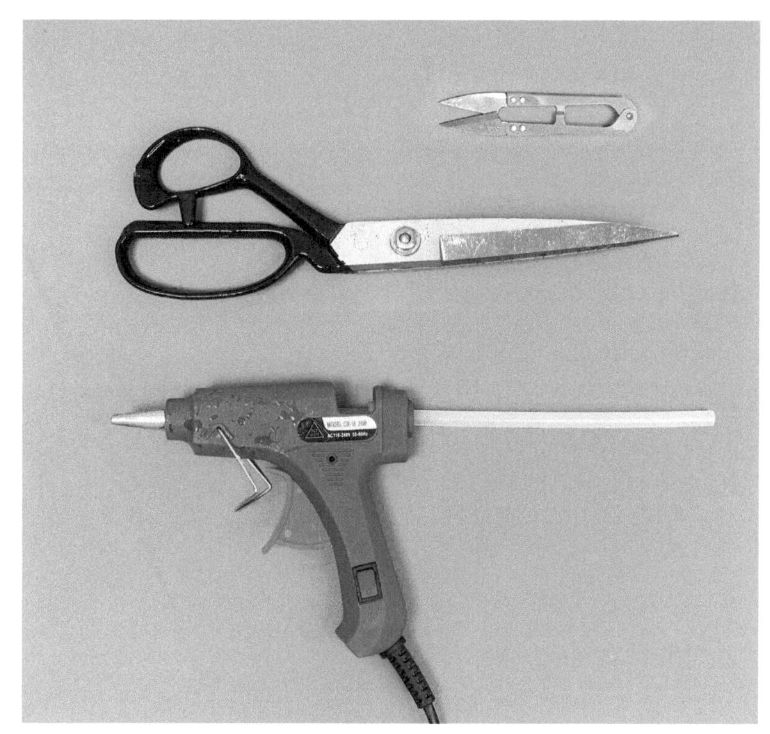

材料：不织布、印花布、白色蜈蚣花边、4cm 长鸭嘴、1cm 宽蕾丝花边。

工具：裁缝剪、热熔胶枪、线剪。

蕾丝小礼帽

step 01

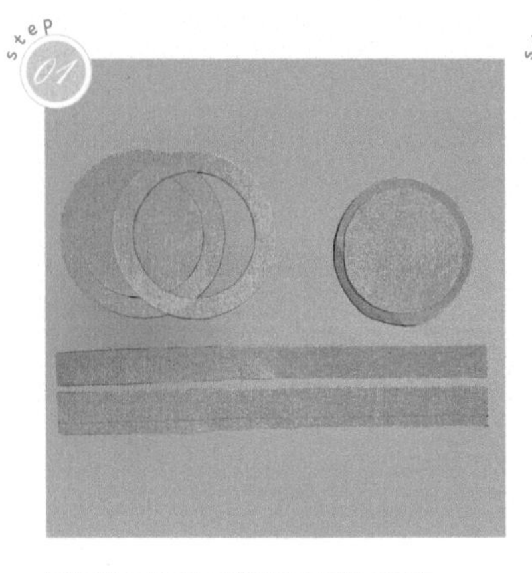

根据样图用剪刀剪出相应的不织布：

① 一块直径为 13cm 的圆形布；

② 一块直径为 15cm 的圆形布；

③ 两块外径为 17cm、内径为 13cm 的圆环布；

④ 一块 43cm × 3.5cm 的长方形布；

⑤ 一块 43cm × 4.5cm 的长方形布。

step 02

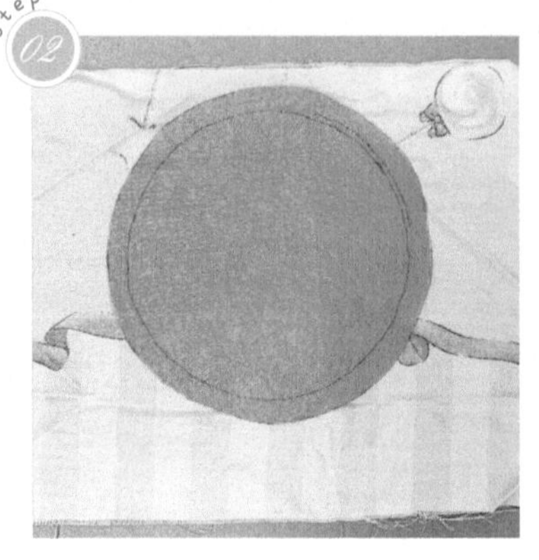

将直径为15cm的圆形布粘到印花布上，拓出一个圆，并将印花布剪下来。

step 03

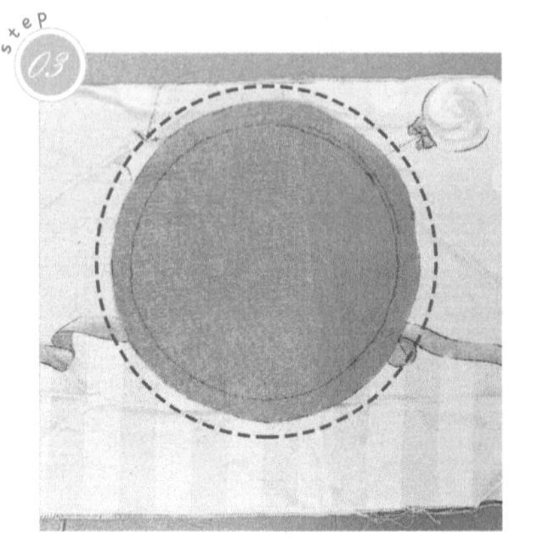

将直径为13cm的圆形布粘到印花布上，如图所示，沿着距离圆形布边缘 1cm 的红色虚线将印花布剪下。

step 04

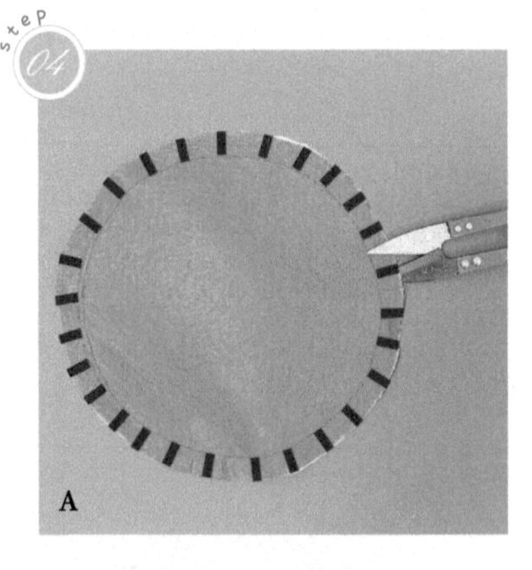

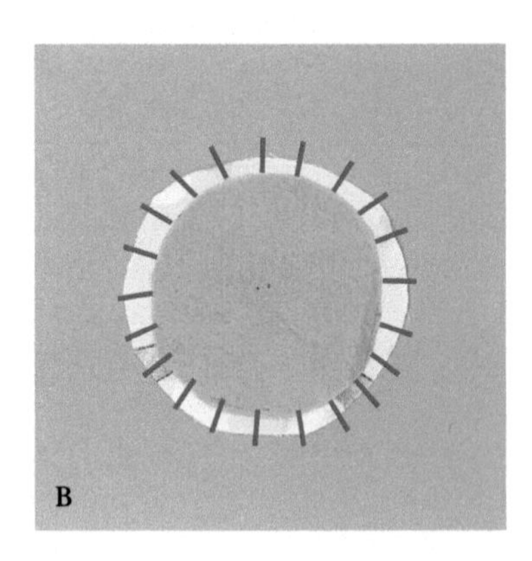

沿着图示画线用剪刀剪开布。

step 05

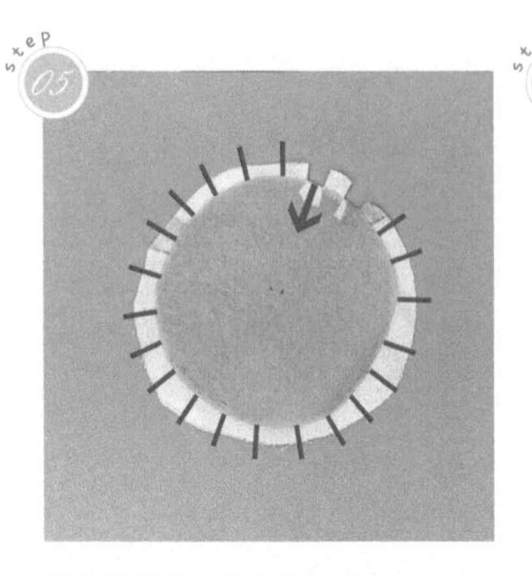

用热熔胶枪把印花布粘到不织布上。

step 06

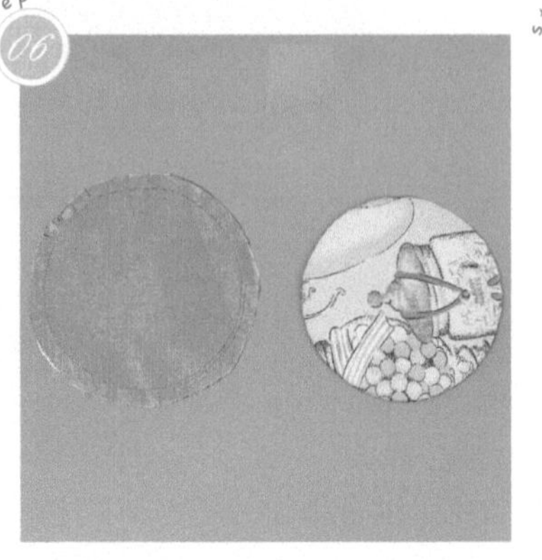

将左边的直径为 15cm 的圆形布按照步骤 05 粘上，右边为已经粘好的直径为 13cm 的不织布。

step 07

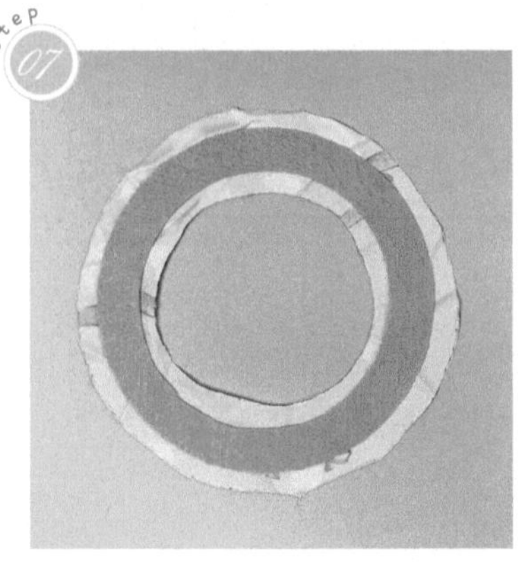

将两块圆环布按照步骤 03 剪下印花布。

step 08

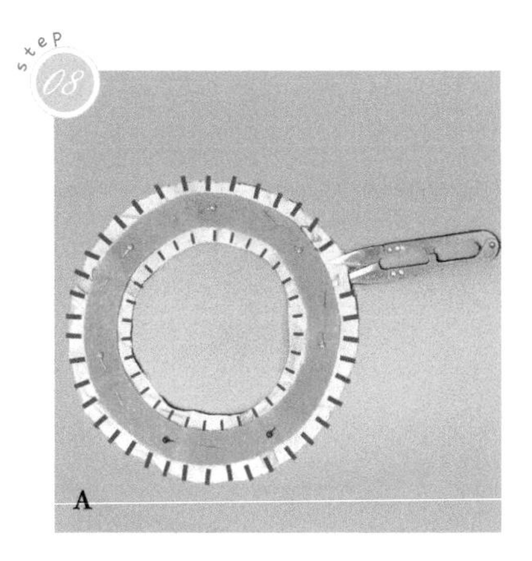

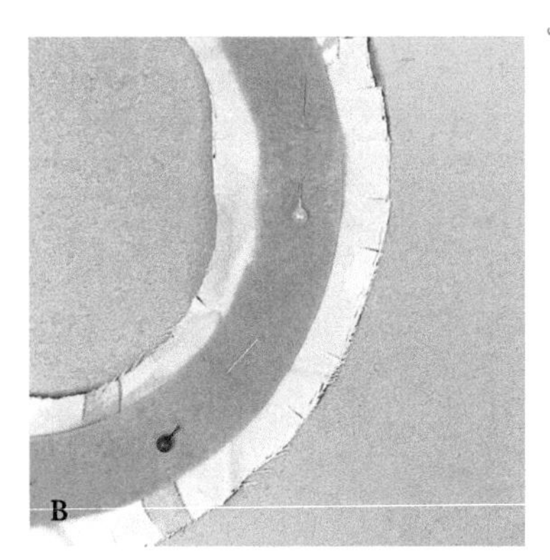

沿着图示红线剪开。

step 09

按步骤 05 用胶水把印花布粘到不织布上。

step 10

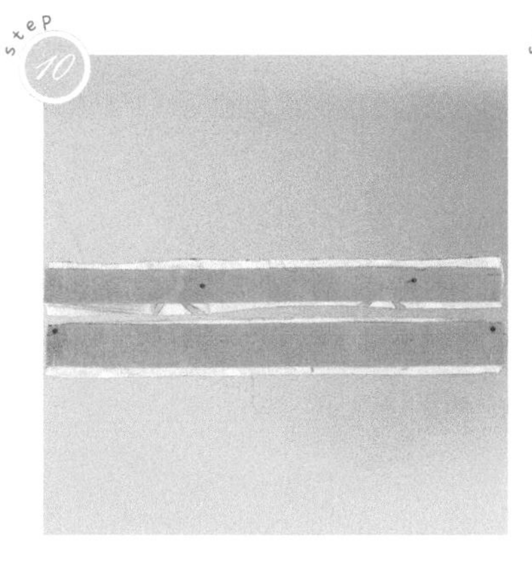

将两块长方形布按步骤 03 粘到印花布上，预留 0.5cm 把印花布剪下来。

step 11

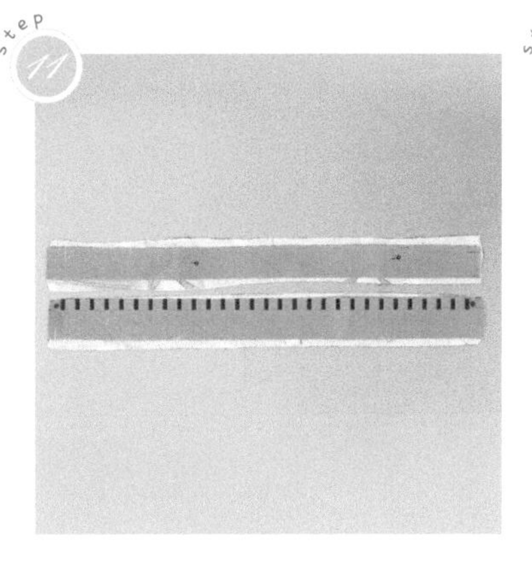

按图示画线用剪刀剪开。

step 12

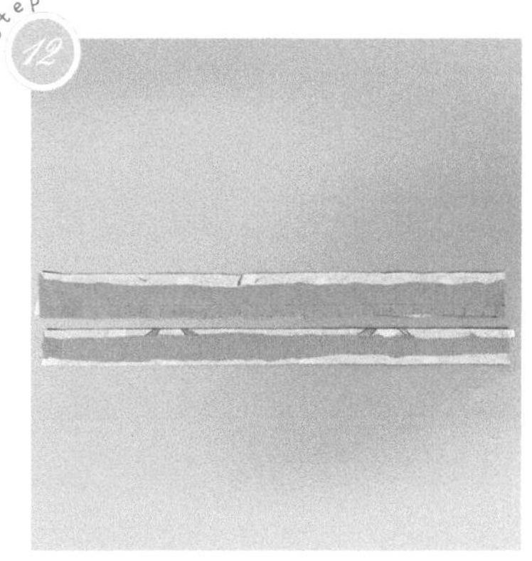

把布粘到不织布上。

step 13

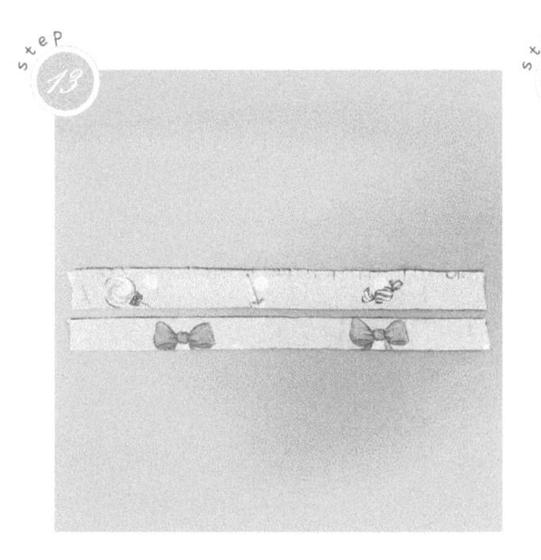

粘好后，背面如上图所示。

step 14

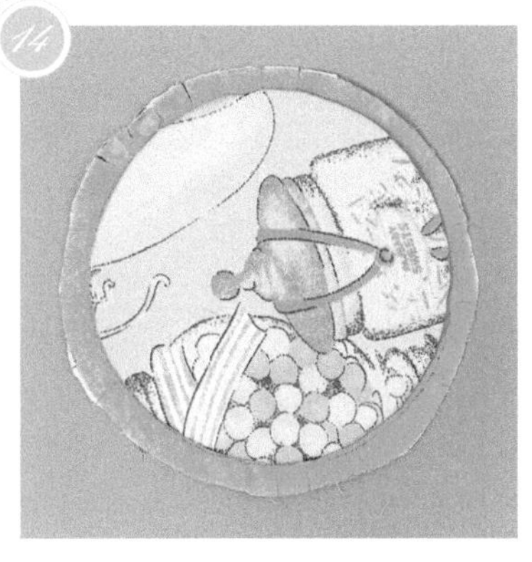

将直径为 15cm 和 13cm 的圆形布按图示粘在一起。

step 15

按照步骤 05 的方式，将 4.5cm 宽的长方形布沿着直径为 13cm 的圆形布边缘用热熔胶粘上。

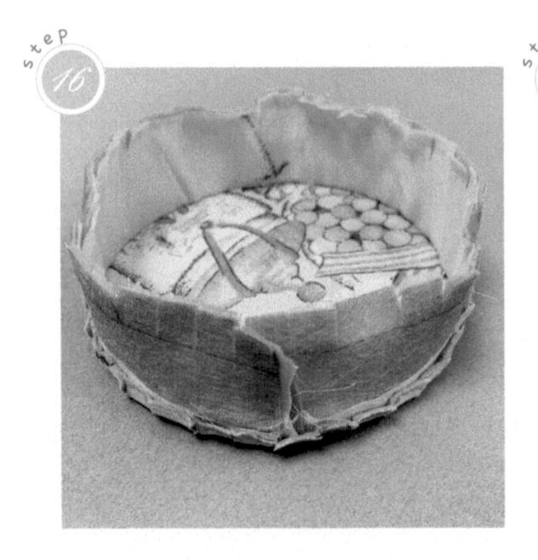

粘好一圈后的效果如上图所示。

把 3.5cm 宽的长方形布按图示绕着圆的边缘粘住。

结尾处如上图所示，往内折 1cm 左右。

按图示粘好，包住开口。

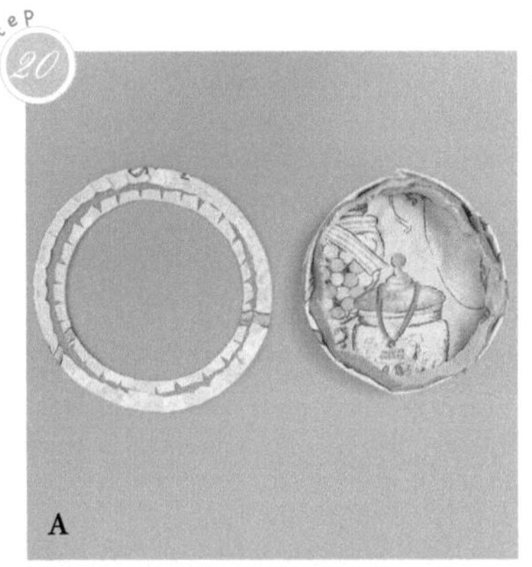

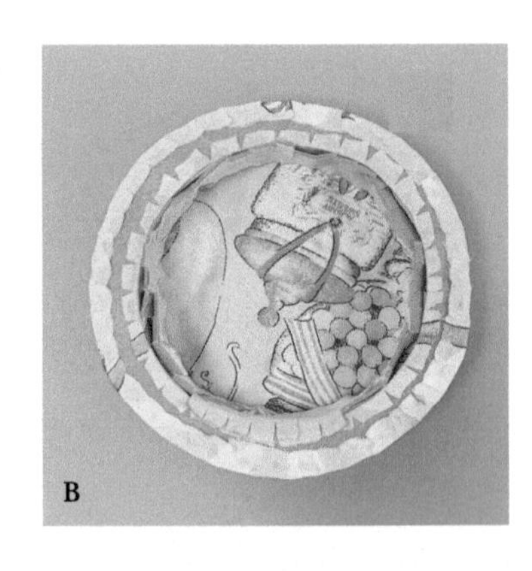

将其中一个圆环按图示套进去。

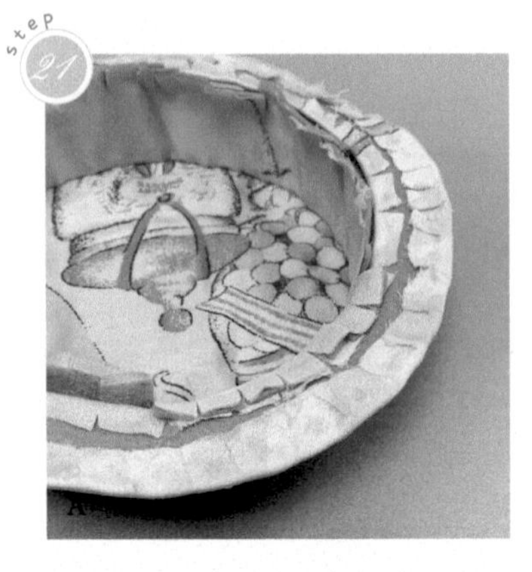

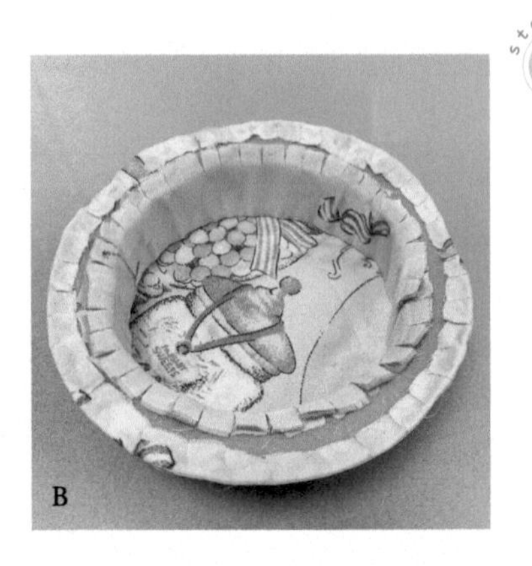

沿着边缘将圆环粘紧到帽顶。

step 22

完整粘好后的效果如上图所示。

step 23

用 1cm 宽蕾丝花边沿着帽檐边粘一圈。

step 24

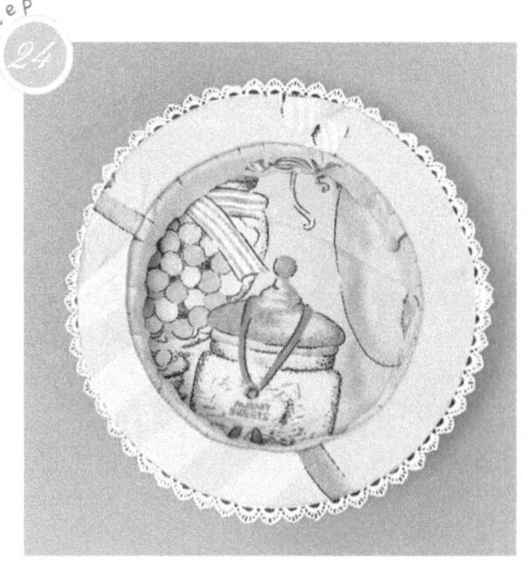

把剩下的圆环盖到帽檐上，用热熔胶粘紧。

step 25

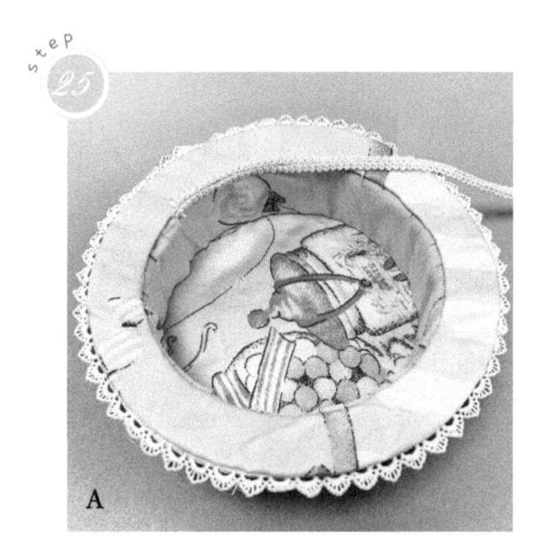

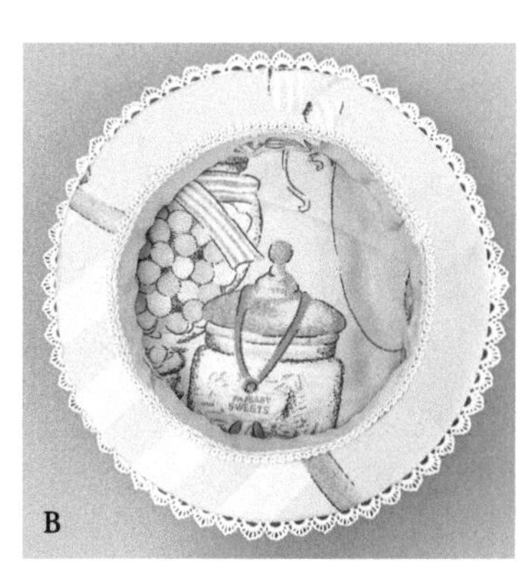

取白色蜈蚣花边沿帽檐内侧用热熔胶粘一圈。

step 26

将帽子翻正，用热熔胶把蜈蚣花边按图示粘一圈。

step 27

用热熔胶把蜈蚣花边按图示粘一圈。

step 28

用热熔胶把鸭嘴夹按图示固定。

案例拓展：蝴蝶结一

 材料与工具

材料：雪纱织带、仿珍珠、金属配件、鱼丝线。

工具：打火机。

雪纱蝴蝶结

step 01

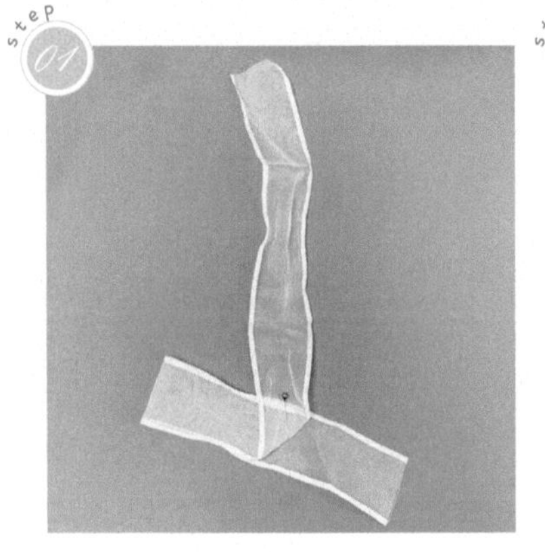

准备一根 35cm × 4cm 的雪纱织带。

step 02

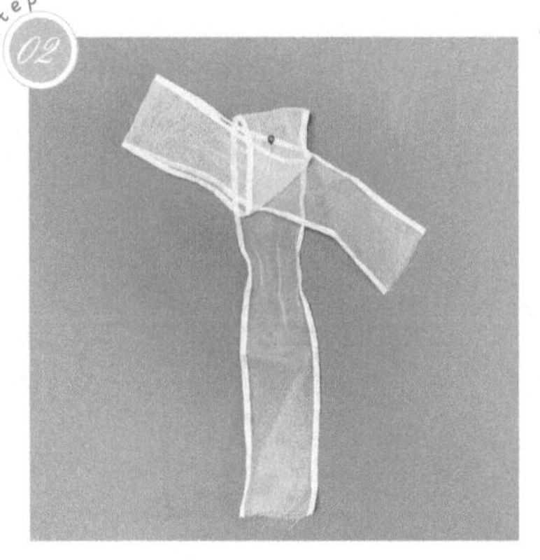

往上折完后把长的织带绕至单圈后面。

step 03

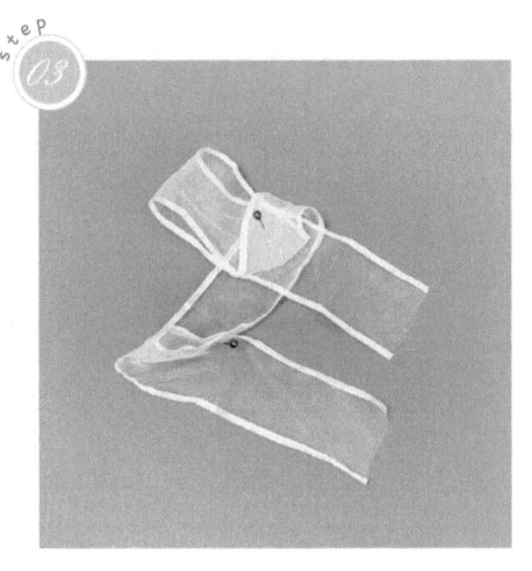

把长边抓起一个圈。

step 04

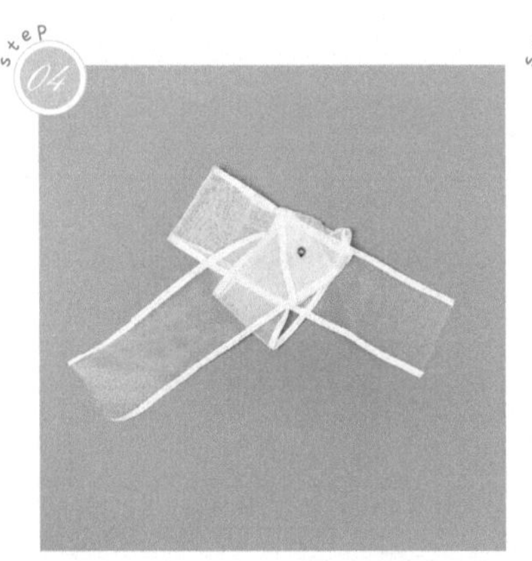

把圈穿过步骤 02 完成后产生的空间。

step 05

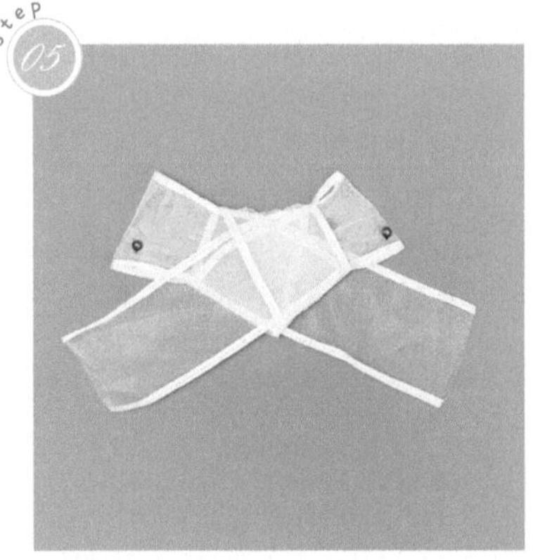

调整两边的比例。

step 06

拉紧并整理蝴蝶结。

step 07

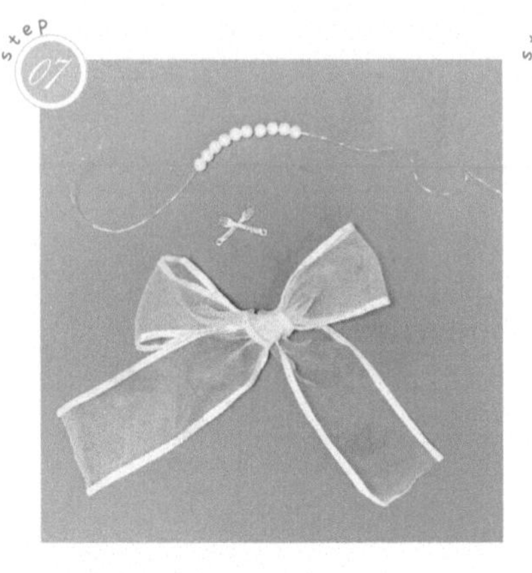

用鱼丝线串 10 颗左右的仿珍珠，金属配件按图示摆放。

step 08

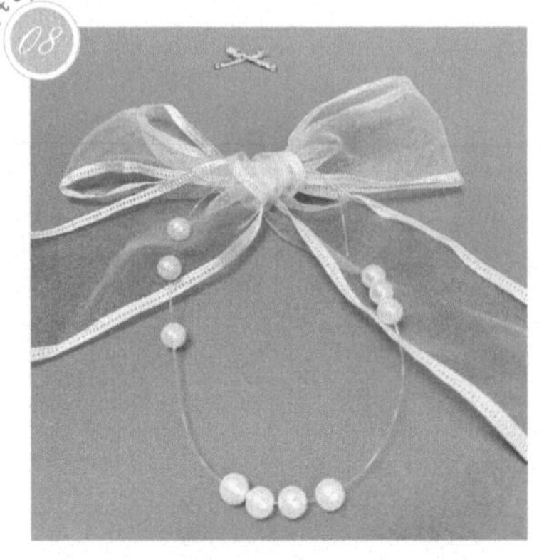

将鱼丝线穿过蝴蝶结。

step 09

绑实固定。

step 10

固定金属配件，用打火机烤边，完成。

案例拓展：蝴蝶结二

材料与工具

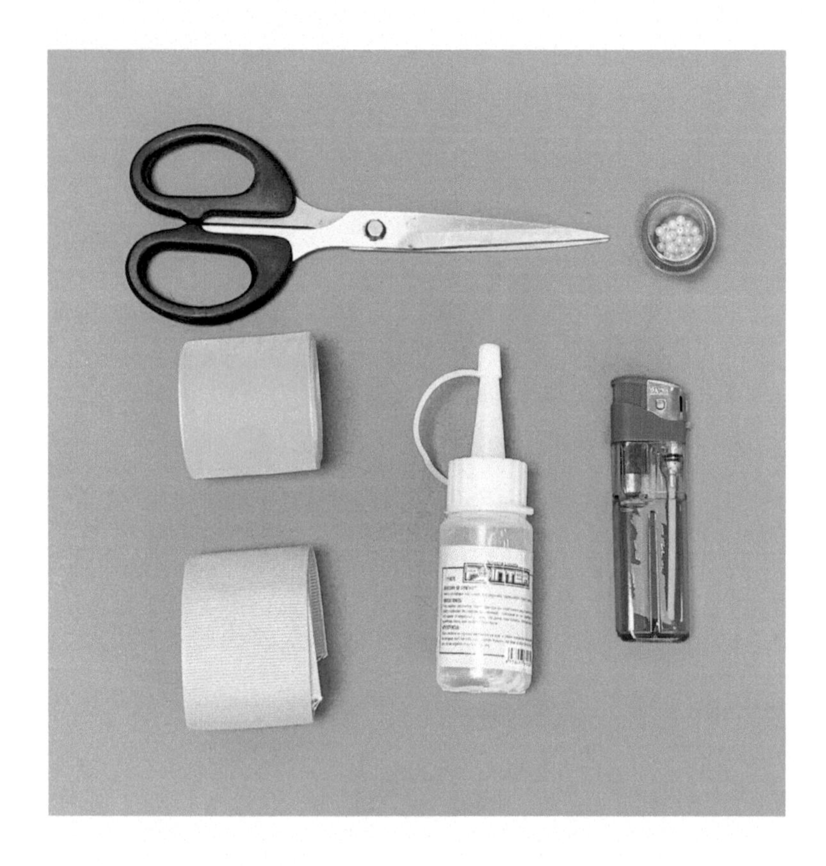

材料：2cm 宽罗纹织带、2cm 宽雪纱织带、仿珍珠。

工具：打火机、手工剪、酒精胶水。

双层蝴蝶结

step 01

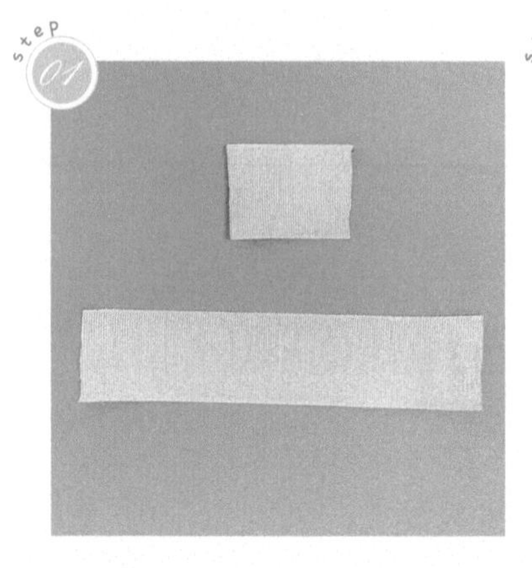

剪两段罗纹织带，一段长 14~15cm，另一段长 2cm，然后烤边。

step 02

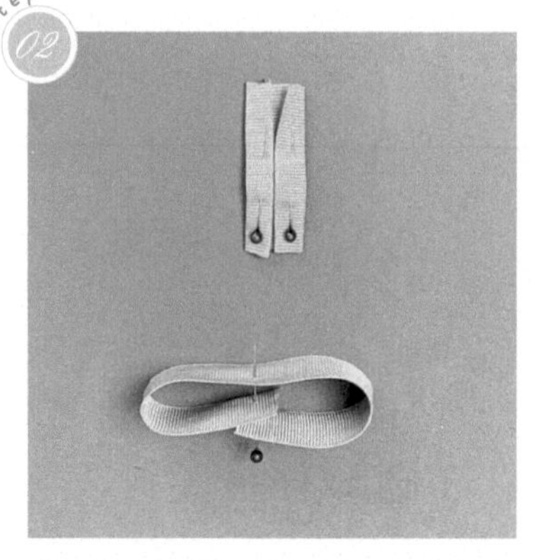

将短的罗纹织带用双面胶沿着中线固定好；长的罗纹织带分别往中心折叠，如上图所示。

step 03

将长的罗纹织带的中线四等分后，按图示折叠成 M 形状。

step 04

用酒精胶水或针线固定中心。

step 05

翻过蝴蝶结，将短罗纹织带一端固定在蝴蝶结中间。

step 06

用短罗纹织带包裹蝴蝶结中心并绕一圈，在背后用胶固定。

step 07

按步骤 01~06 制作一只大 1.5 倍的雪纱蝴蝶结，按图示用胶固定位置。

step 08

将雪纱织带边缘修剪为 V 形，然后烤边。

step 09

添加一些珠片装饰，完成。

第四章

其他常见手作小物的基础制作

枕头包　　兔熊裙子　　胸章装饰　　草莓草帽

案例拓展：丝带出现小面积不严重的抽丝时的处理方法

难度系数 ★★☆

枕头包

承载少女甜心的包包。

材料与工具

重点技巧：简易包包的制作

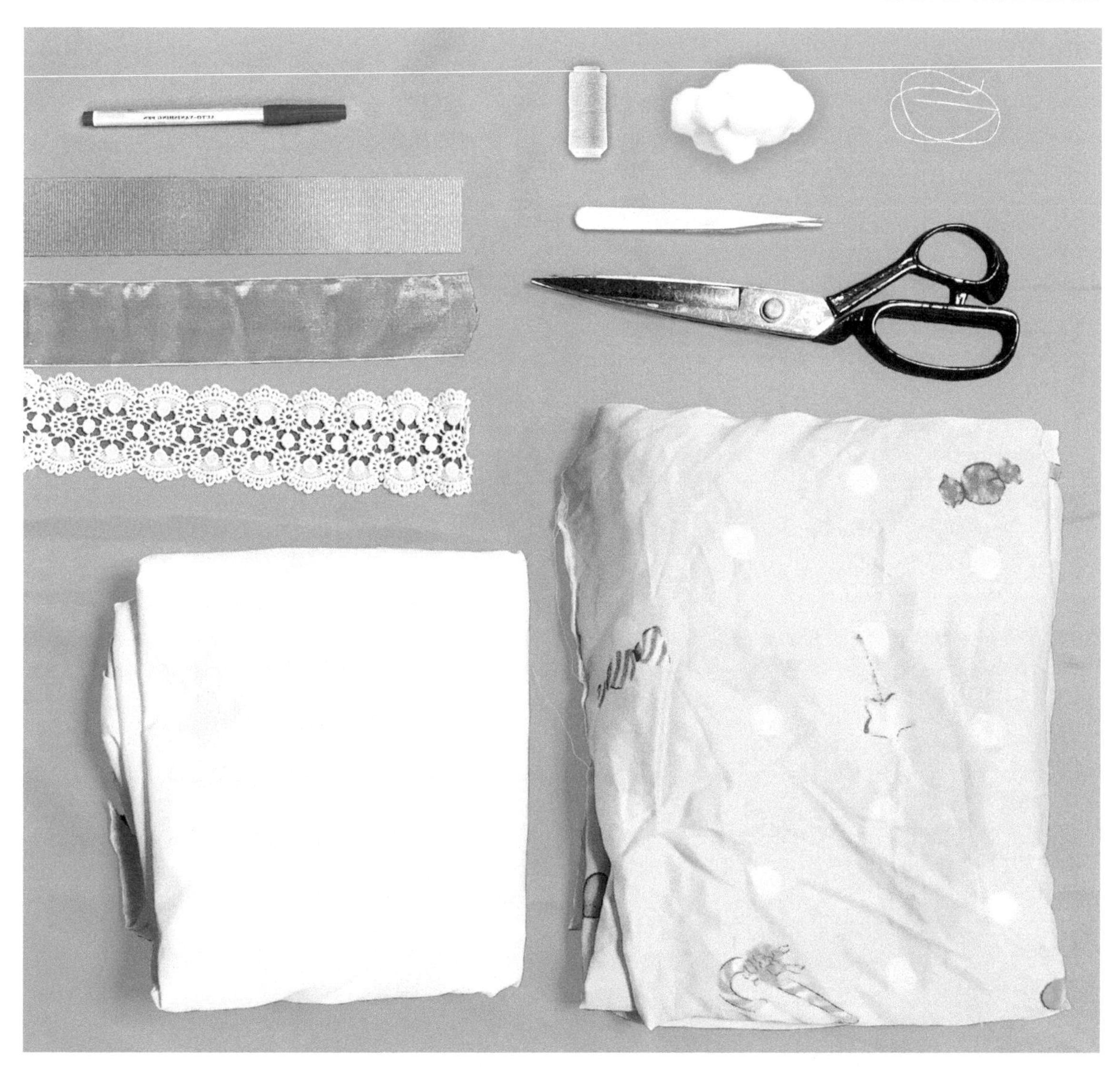

材料：印花布、白衬布、4cm 宽双边棉质蕾丝、2.5cm 宽雪纱织带、1cm 宽丝带、棉花。

工具：裁缝剪、针线、镊子、气消笔。

心形枕头包

step 01

借助模板在印花布中用气消笔画出爱心的形状。

step 02

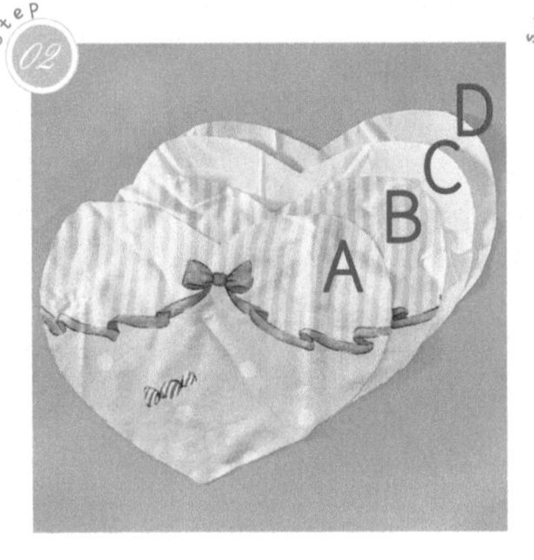

用剪刀剪下两片心形的印花布，两片心形的白衬布。

step 03

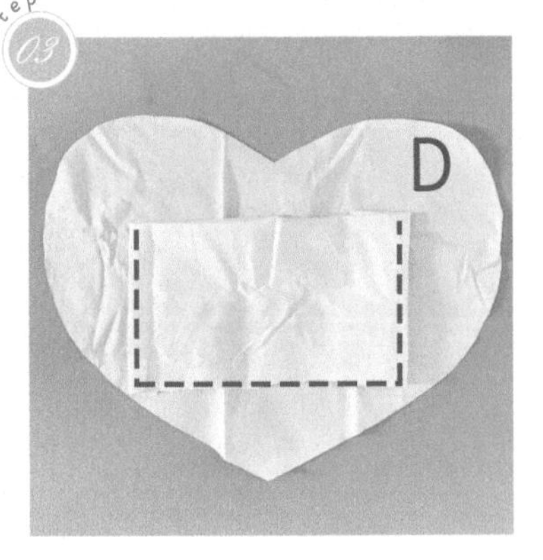

剪一块 13cm × 8cm 的长方形衬布，按图示虚线缝好，然后从兜里往外翻出。

step 04

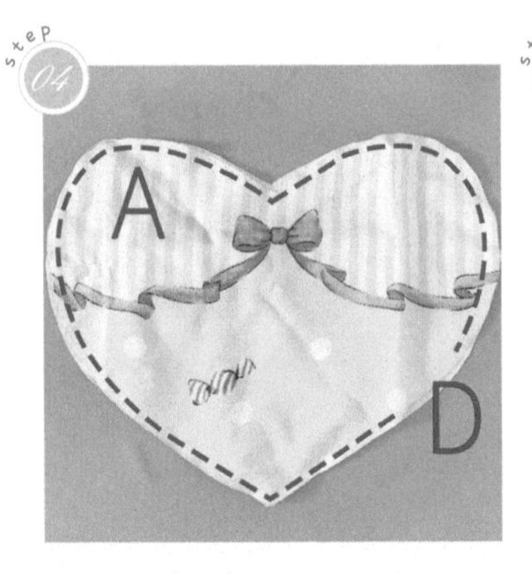

将印花布 A 和翻好的衬布 D 重叠，按图示虚线缝好，预留 5cm 左右的空隙。（注意印花要朝内。）

step 05

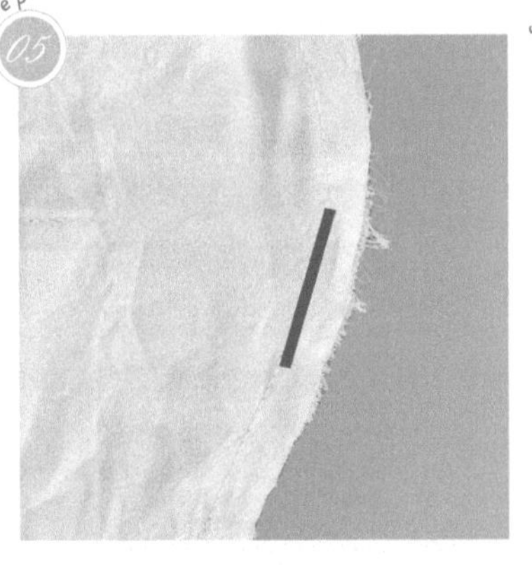

将印花布 B 和衬布 C 重叠，按步骤 04 的虚线将两片布缝好，并留出约 5cm 的缝隙。

step 06

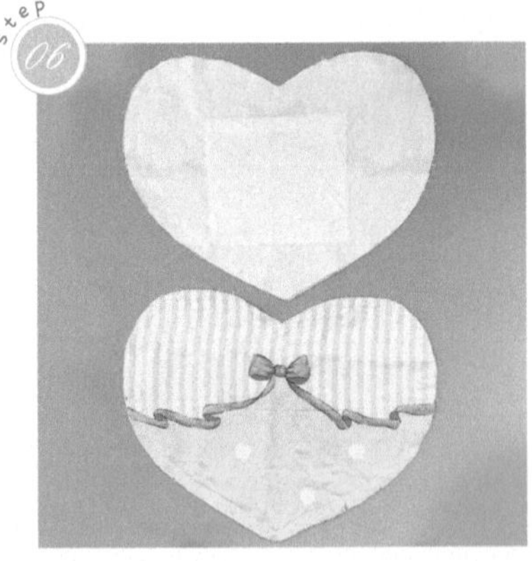

两片印花布都缝好后的效果如上图所示。

step 07

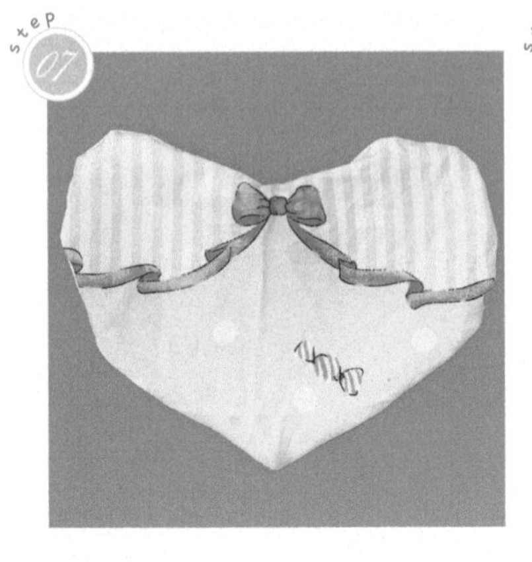

将缝好的两片印花布从开口翻出。

step 08

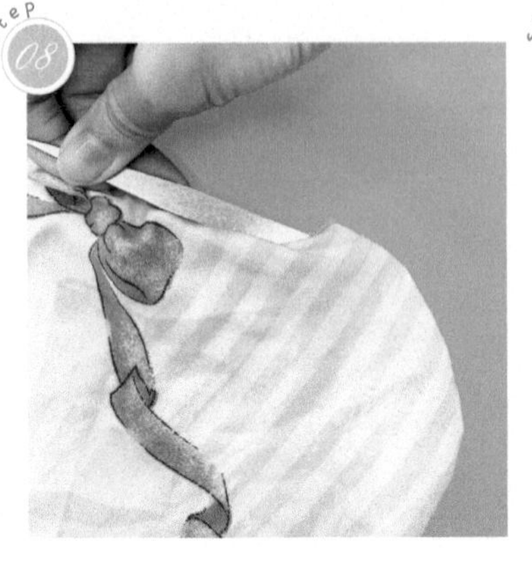

用镊子的另一端将边角推平整。

step 09

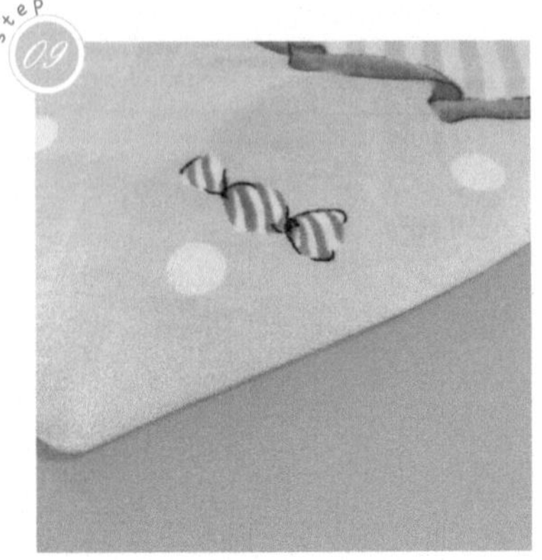

推到上图所示的样子就可以了。

step 10

图中上方为未推平整的布，下方为已经推平整的布。

step 11

从预留的开口处塞入棉花。

step 12

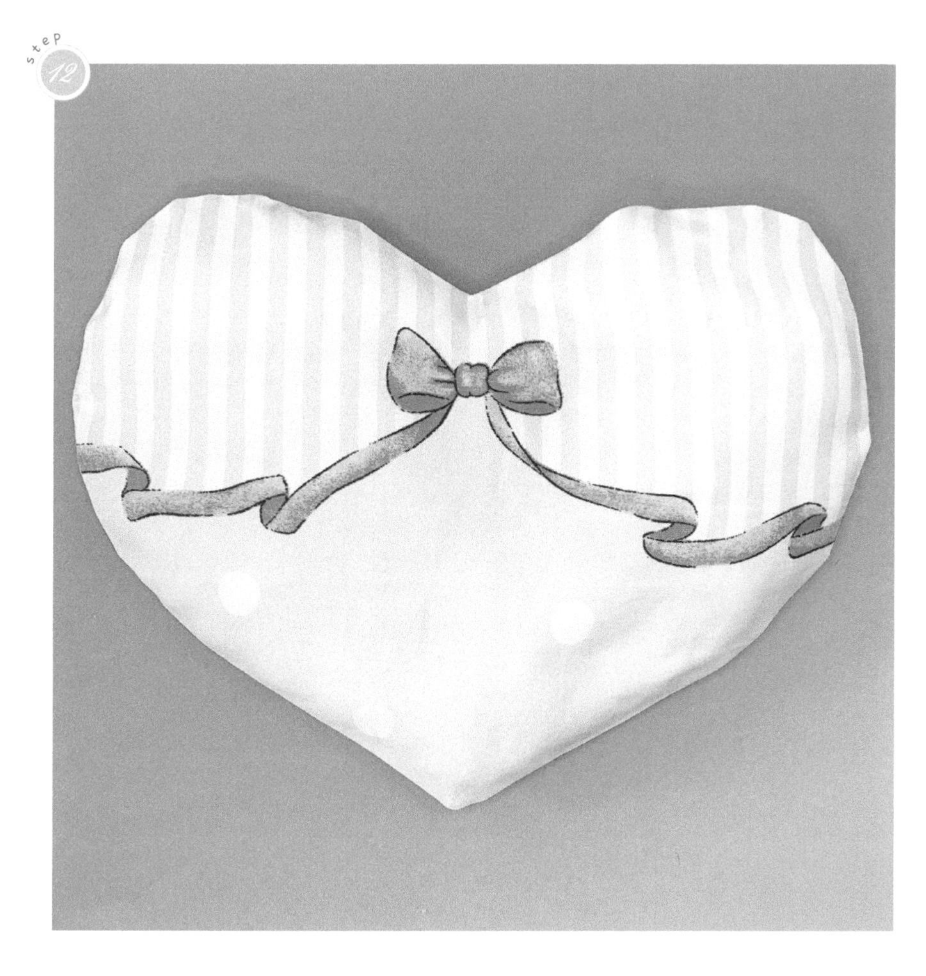

将整个包都填满，调整棉花的位置。

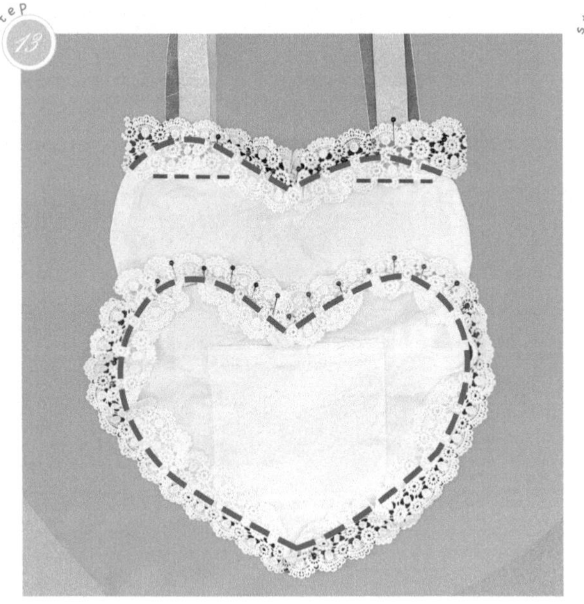

按图示红色虚线将蕾丝、织带和丝带一起缝到布中。

将缝有蕾丝的布堆叠缝合。

缝合好之后从上面将有花纹的一面翻出来。

step 16

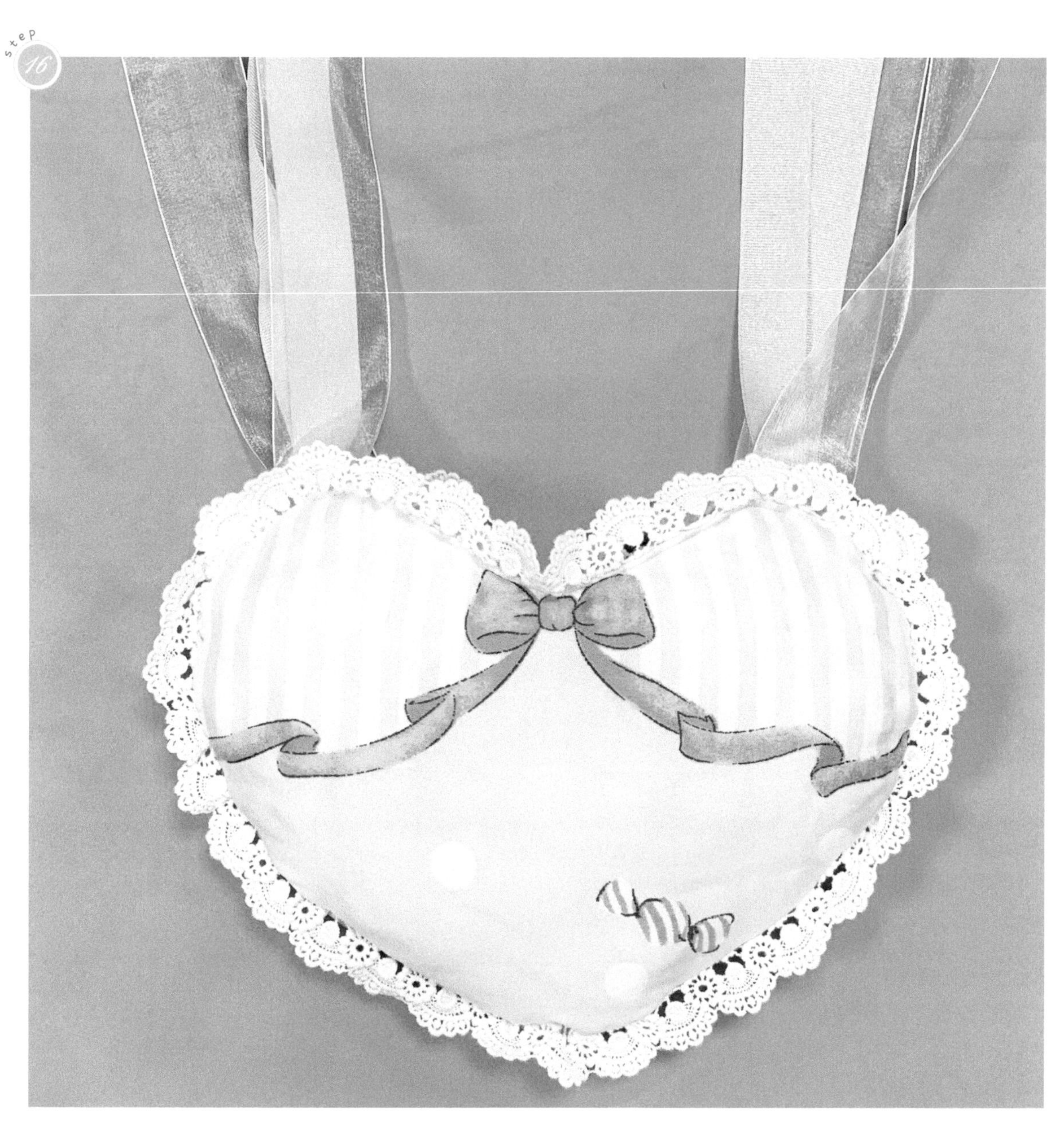

完成。

难度系数 ★★★

兔熊裙子

小裙子能为玩偶增添一份不一样的可爱。

材料与工具

重点技巧：简易玩偶裙子的制作

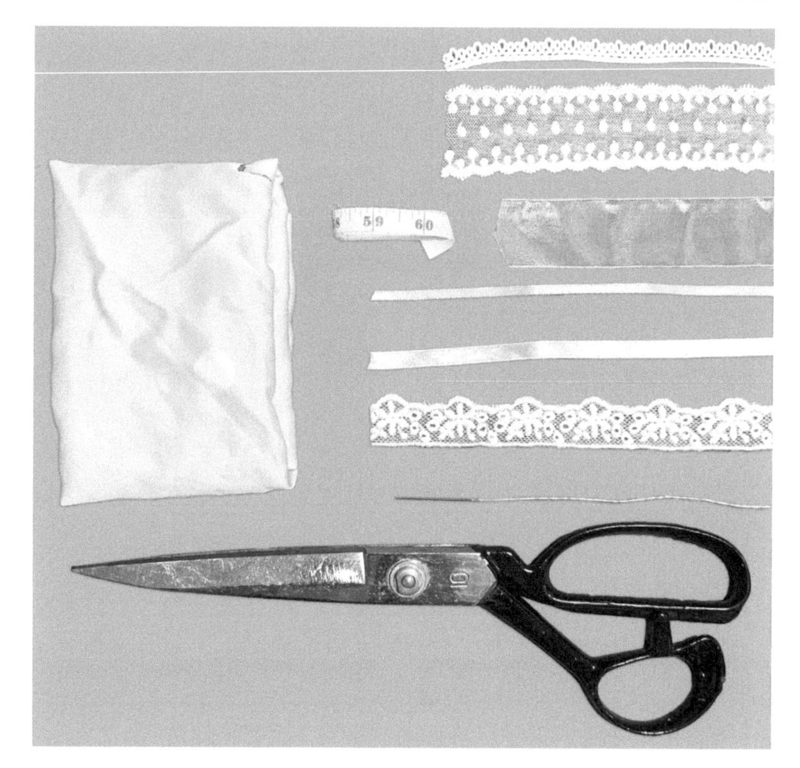

材料：印花布、0.5cm 宽丝带、0.3cm 宽丝带、1cm 宽棉质水溶蕾丝、3cm 宽双边网纱蕾丝、2cm 宽棉质网纱蕾丝、2.8cm 宽雪纱织带。

工具：裁缝剪、针线、软尺。

蕾丝兔熊裙子

step 01

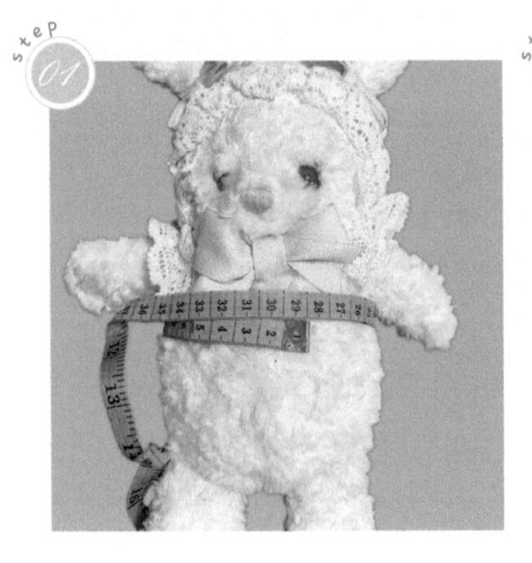

用软尺量出上衣围。（布长为上衣围的2倍+2cm。）

step 02

用软尺量上半身裙长。（上半裙长和下半裙长比例为1:3。）

step 03

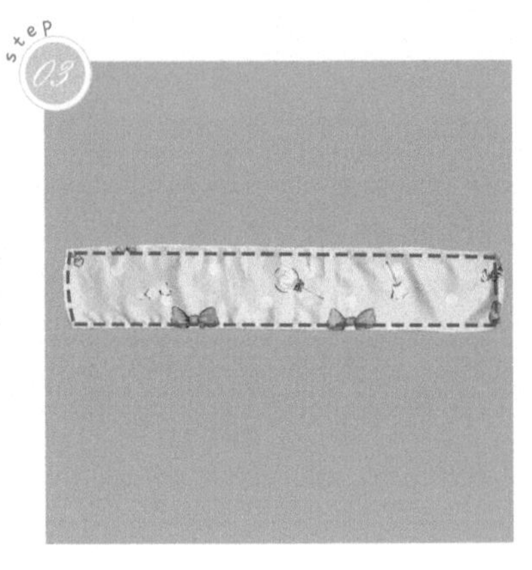

用裁缝剪剪出一块30cm×6cm的长方形布包边缝好。

step 04

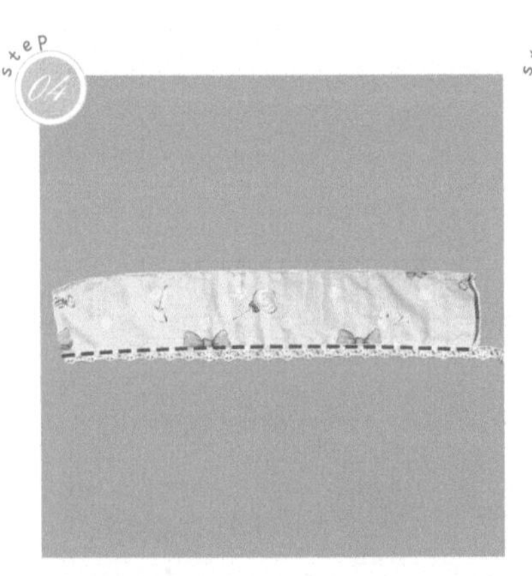

剪一段长30cm的棉质水溶蕾丝按图示红色虚线缝好。

step 05

缝好后的效果如上图所示。

step 06

剪一块30cm×3cm的印花布，在中间位置放置一块3cm宽的双边网纱蕾丝。

step 07

按图示铺上1cm宽的棉质水溶蕾丝，按红色虚线缝好。

step 08

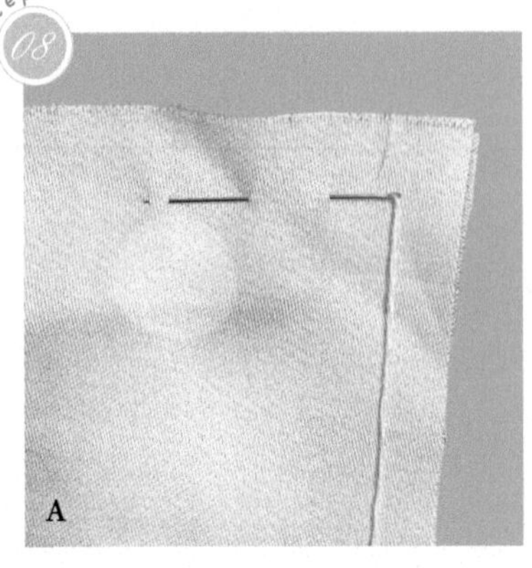

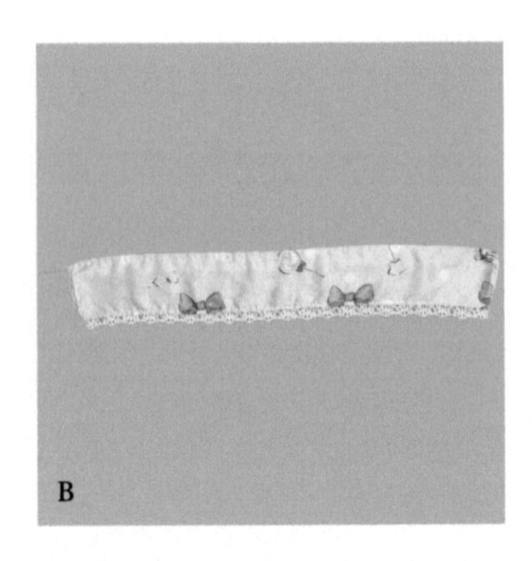

按图示在下半裙的上方穿过一根线。

step 09

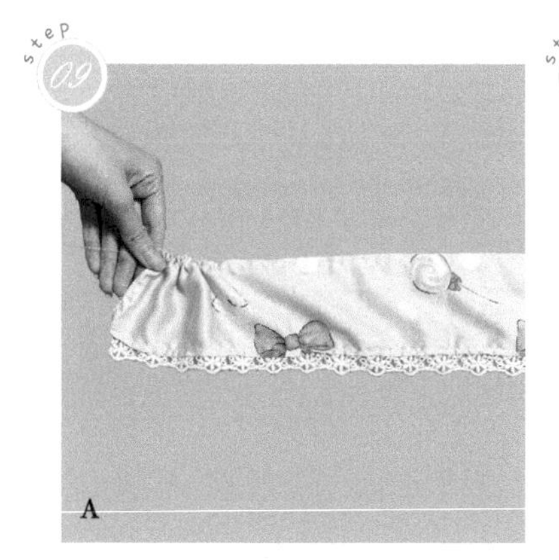

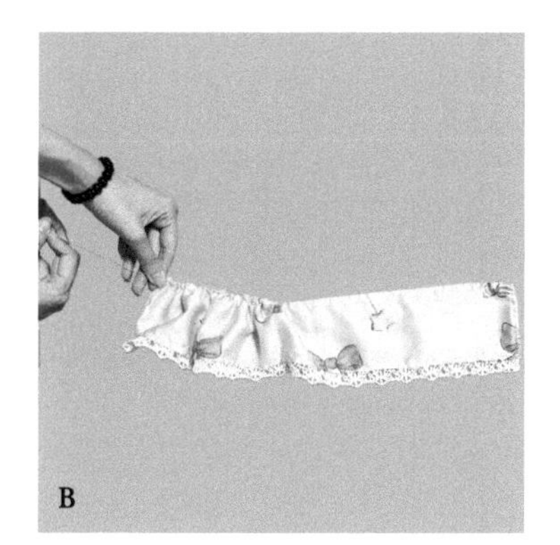

按图示抽紧线，做出褶皱。

step 10

根据上半裙调整褶皱。

step 11

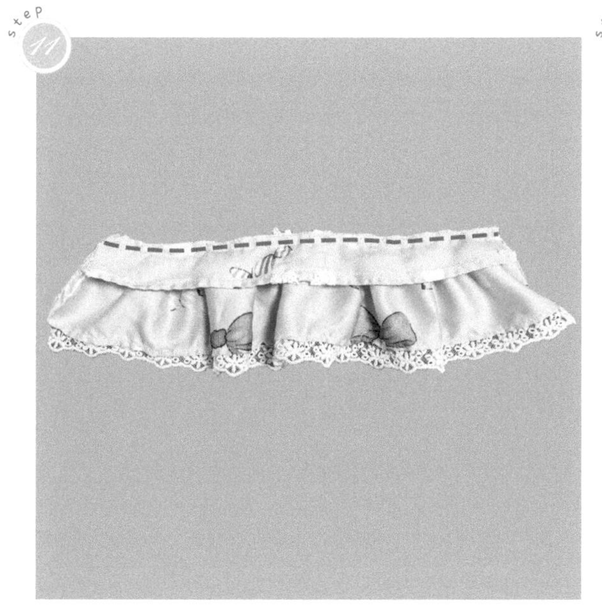

按图示缝合。

step 12

稍微熨烫一下缝合口，使其平整。

按图示将裙子头尾相接并缝合。

缝好后的背面效果如上图所示。

将 0.3cm 宽丝带按图示穿过 2cm 棉质网纱蕾丝。

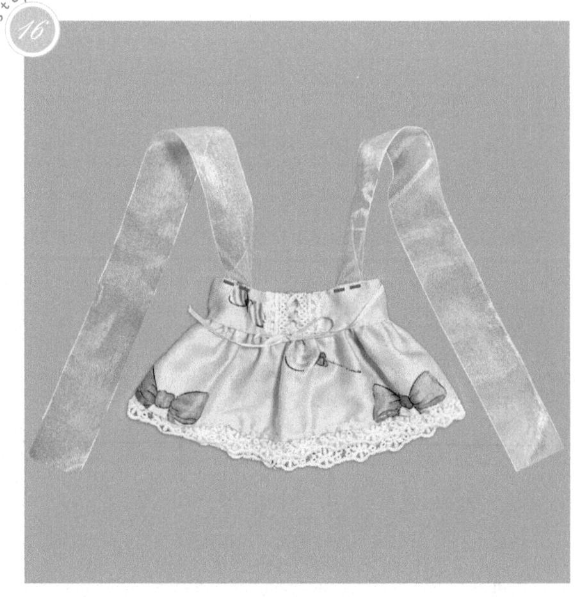

剪 18cm 长的雪纱织带按图示缝合。

step 17

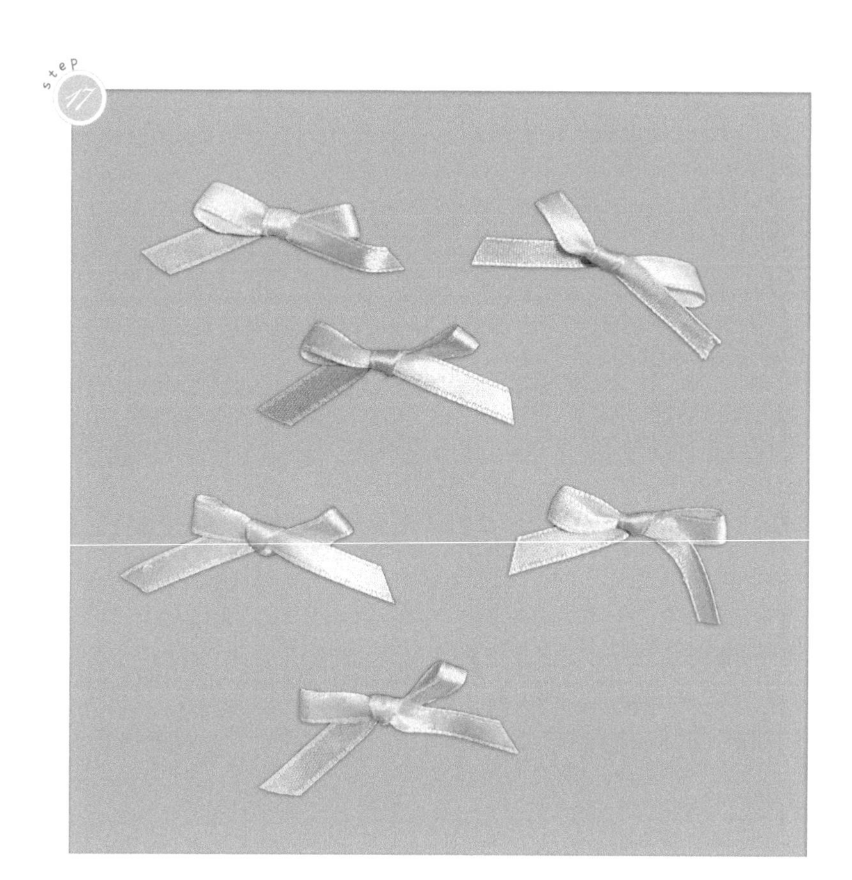

用 0.3cm 宽丝带制作一些蝴蝶结。

step 18

将蝴蝶结按喜好固定在裙子上，完成。

难度系数 ★★☆

胸章装饰

随身携带的美丽。

重点技巧：蕾丝缎带的两种褶皱处理方法

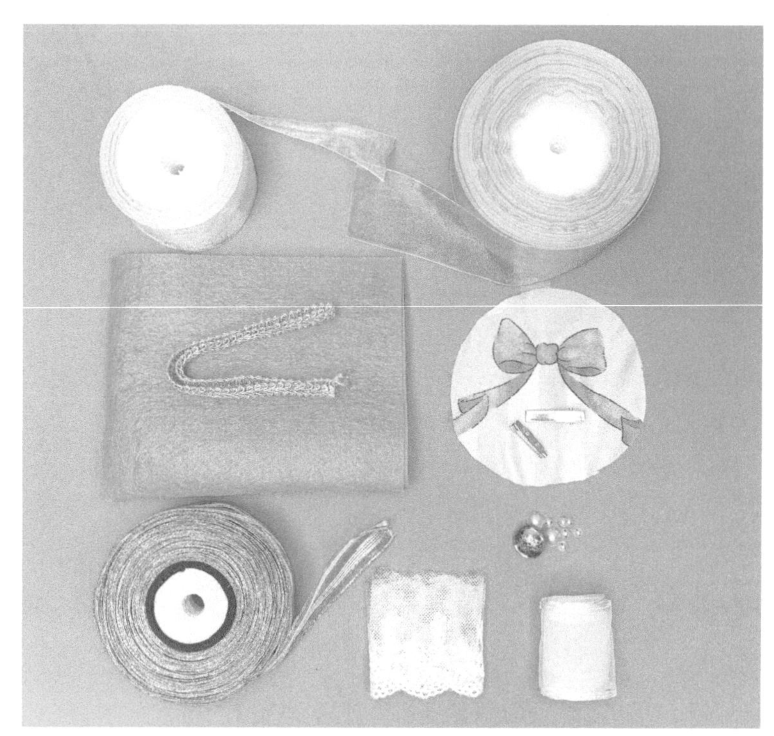

材料与工具

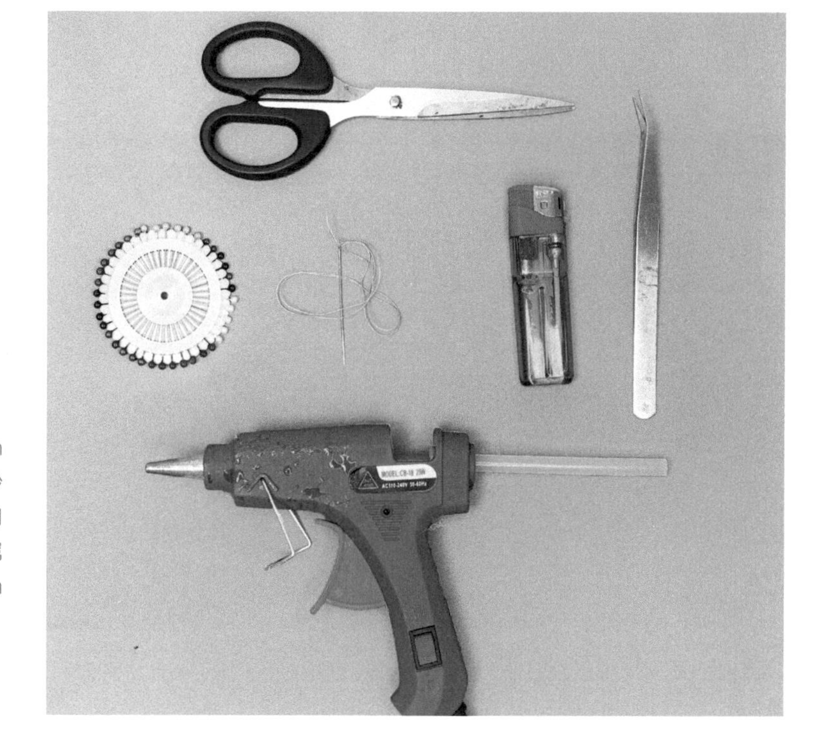

材料：4.2cm 宽粉红色雪纱织带、4.2cm 宽浅蓝色雪纱织带、2.5cm 宽金边雪纱织带、5cm 宽白边雪纱织带、6cm 宽网纱蕾丝、0.8cm 宽金色蜈蚣花边、金属纽扣、仿珍珠、不织布、印花布、4cm 长鸭嘴夹。

工具：手工剪、打火机、针线、镊子、热熔胶枪、大头针。

蕾丝胸章装饰

step 01

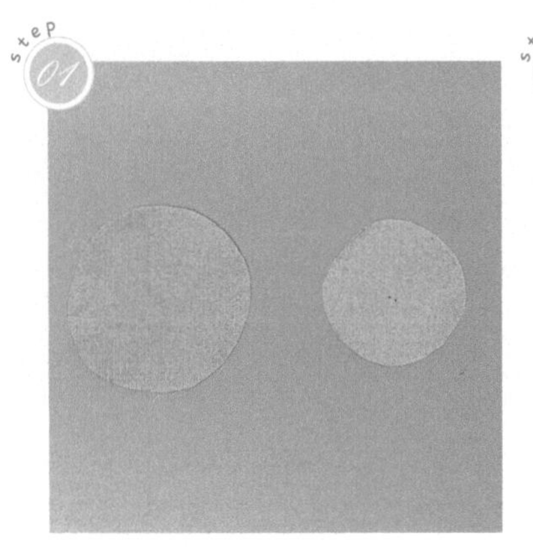

用不织布各剪一块直径为 7cm 和 6cm 的圆。

step 02

剪一块直径为 8cm 的印花布，将反面盖在直径为 6cm 的圆形不织布上。

step 03

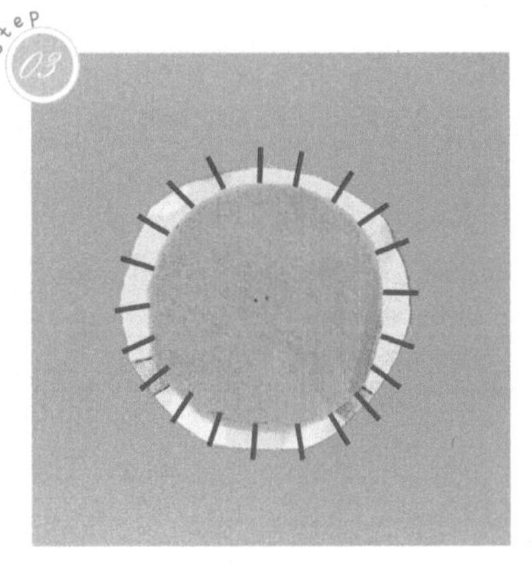

沿着圆形布按图示红线大约间隔 0.6cm 剪开。

step 04

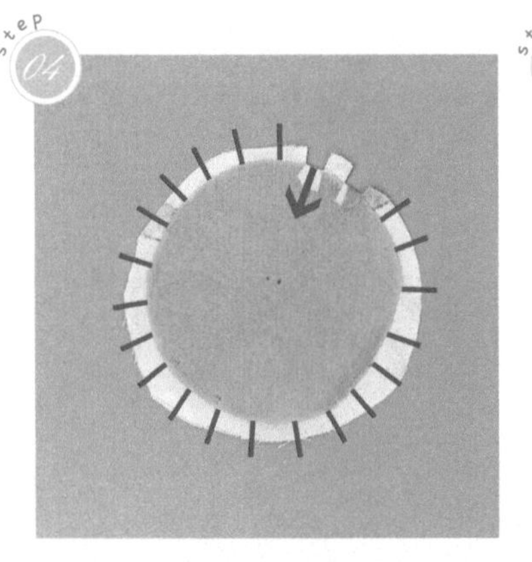

按图示箭头用热熔胶将印花布粘到不织布上。

step 05

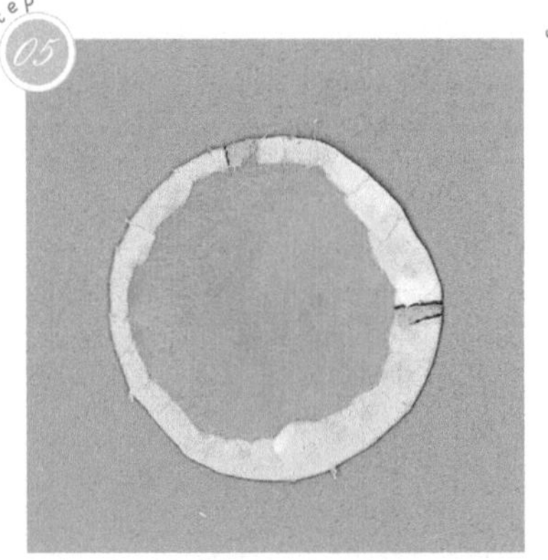

整圈粘完之后的效果如上图所示。

step 06

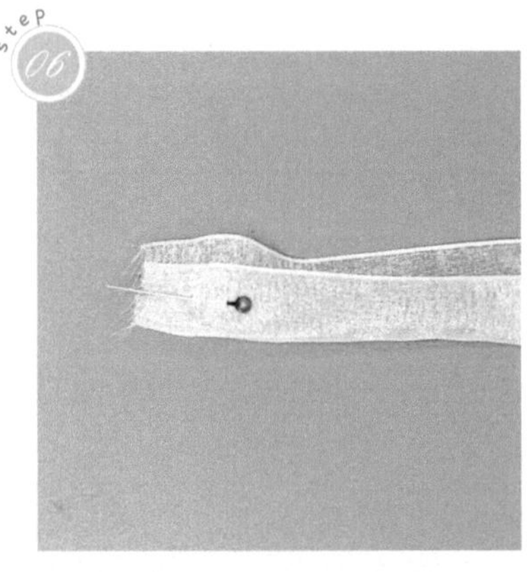

按图示将 4.2cm 宽浅蓝色雪纱织带对折，对折后的底层比顶层宽 8mm。

step 07

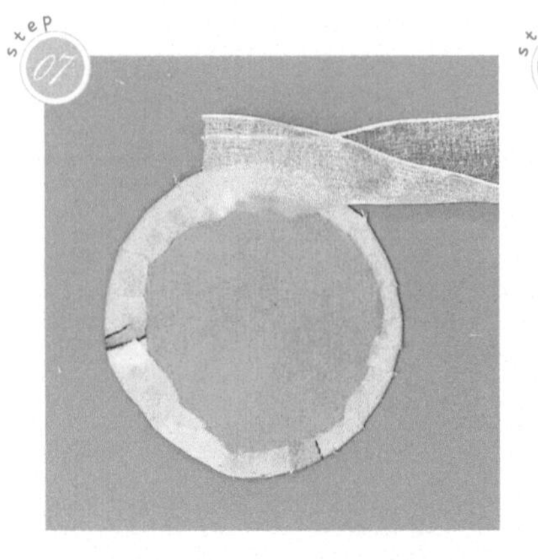

将对折后的织带一头固定在不织布上面。

step 08

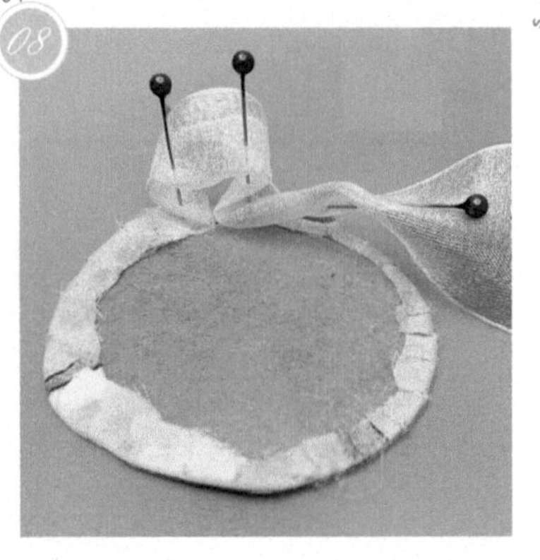

按图示沿着不织布边缘将织带折起后固定。

step 09

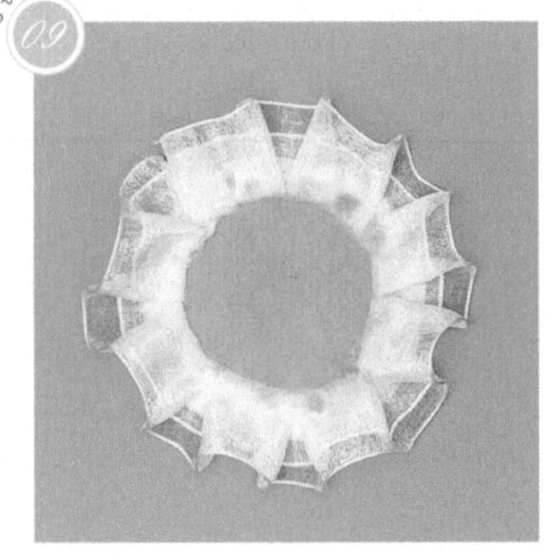

折一圈后的效果如上图所示。

step 10

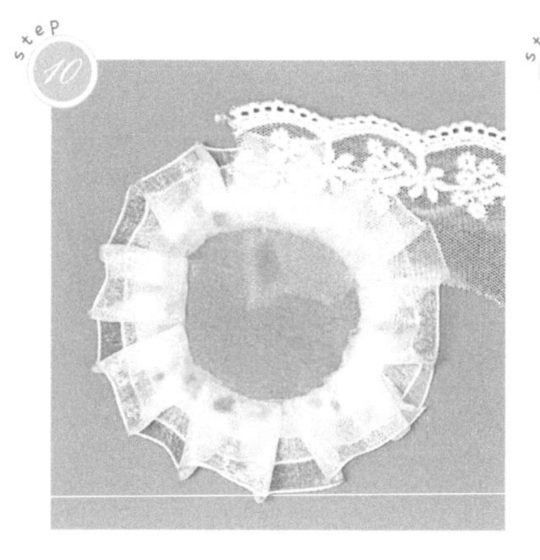

将 6cm 宽的网纱蕾丝一端按图示进行固定。

step 11

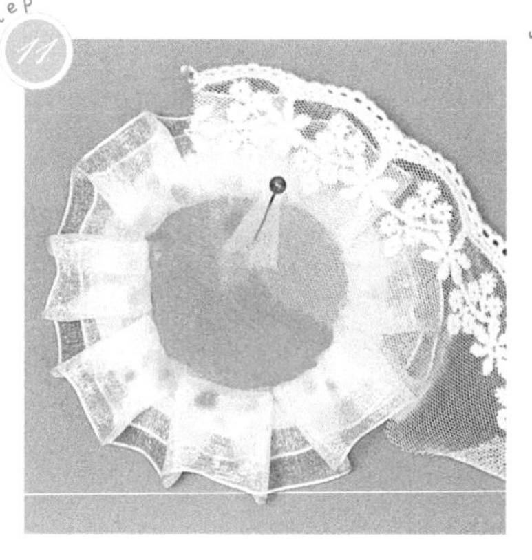

按图示沿着不织布中心，将网纱蕾丝折起后用大头针固定。

step 12

折一圈后留出约 1cm 的长度。

step 13

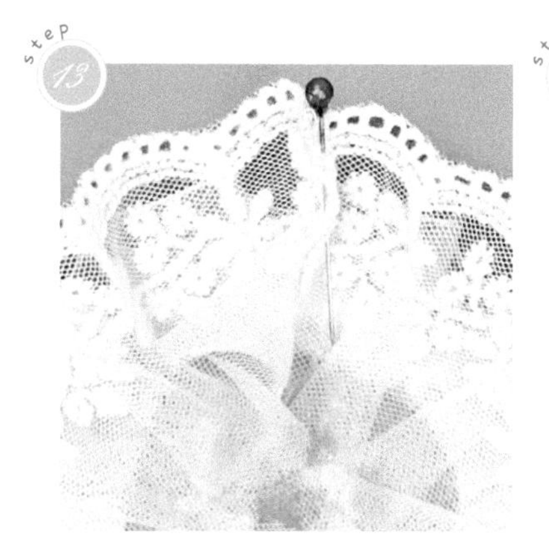

往内翻折约 0.5cm。

step 14

按图示固定完成该圈。

step 15

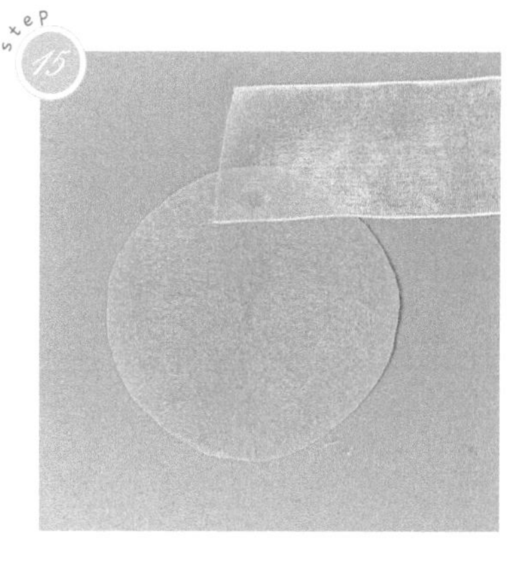

将 4.2cm 宽粉红色织带一端按图示固定在直径为 7cm 的圆形不织布上。

step 16

按图示沿着不织布边缘将织带折起后固定。

step 17

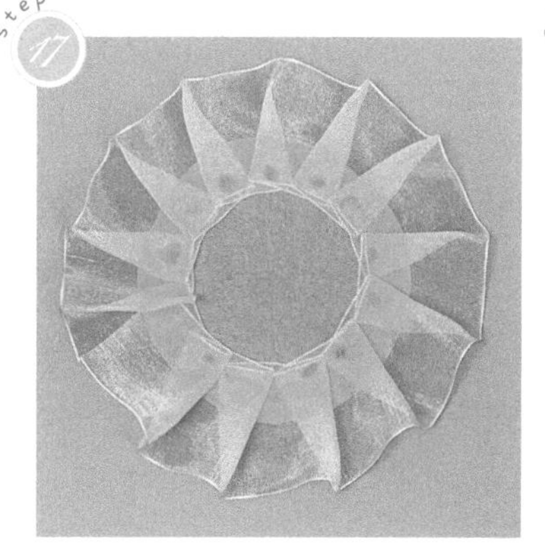

折一圈后的效果如上图所示。

step 18

在步骤 14 完成的圆上钉上金属纽扣。

step 19

按图示沿着布料边缘固定大半圈的金色蜈蚣花边。

step 20

将两个圆叠起固定。

step 21

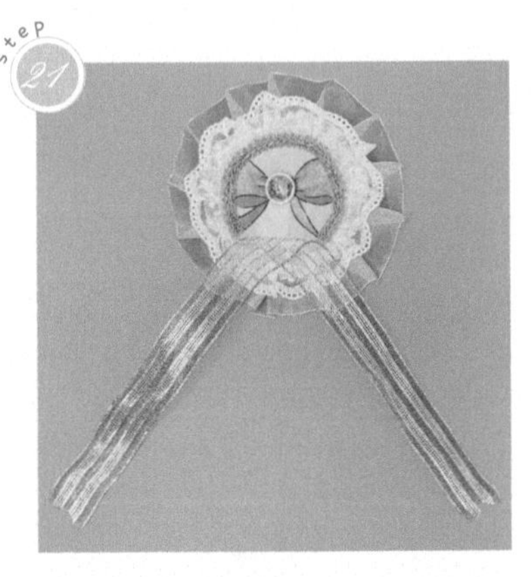

将 2.5cm 宽的金边织带折起固定在胸章的下半部分。

step 22

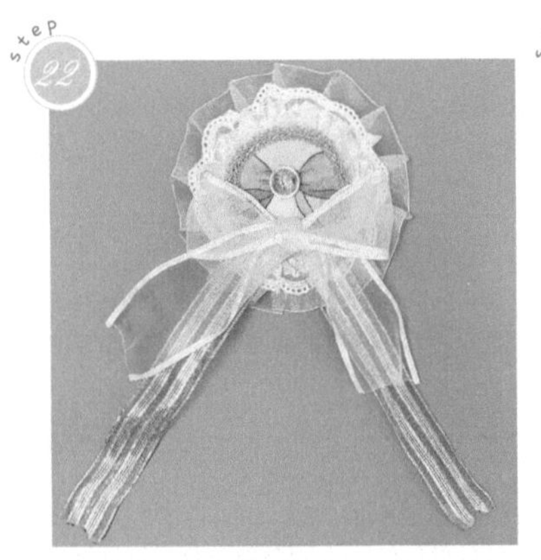

用 5cm 宽的白边织带做一个蝴蝶结，粘到胸章中下方作为装饰。

step 23

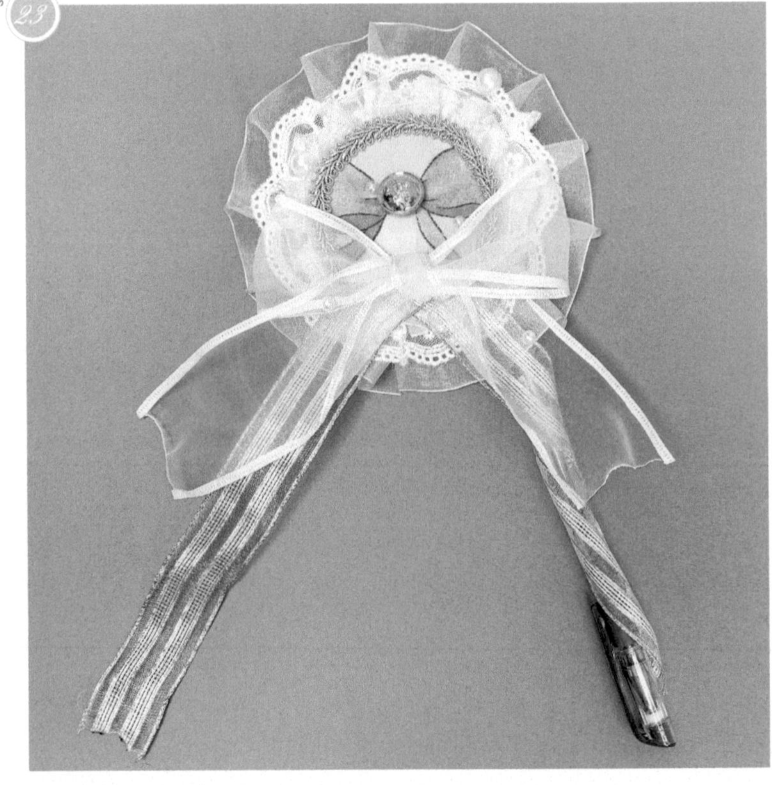

用笔卷两侧的金边织带，凹出造型，并用仿珍珠按喜好进行点缀。

step 24

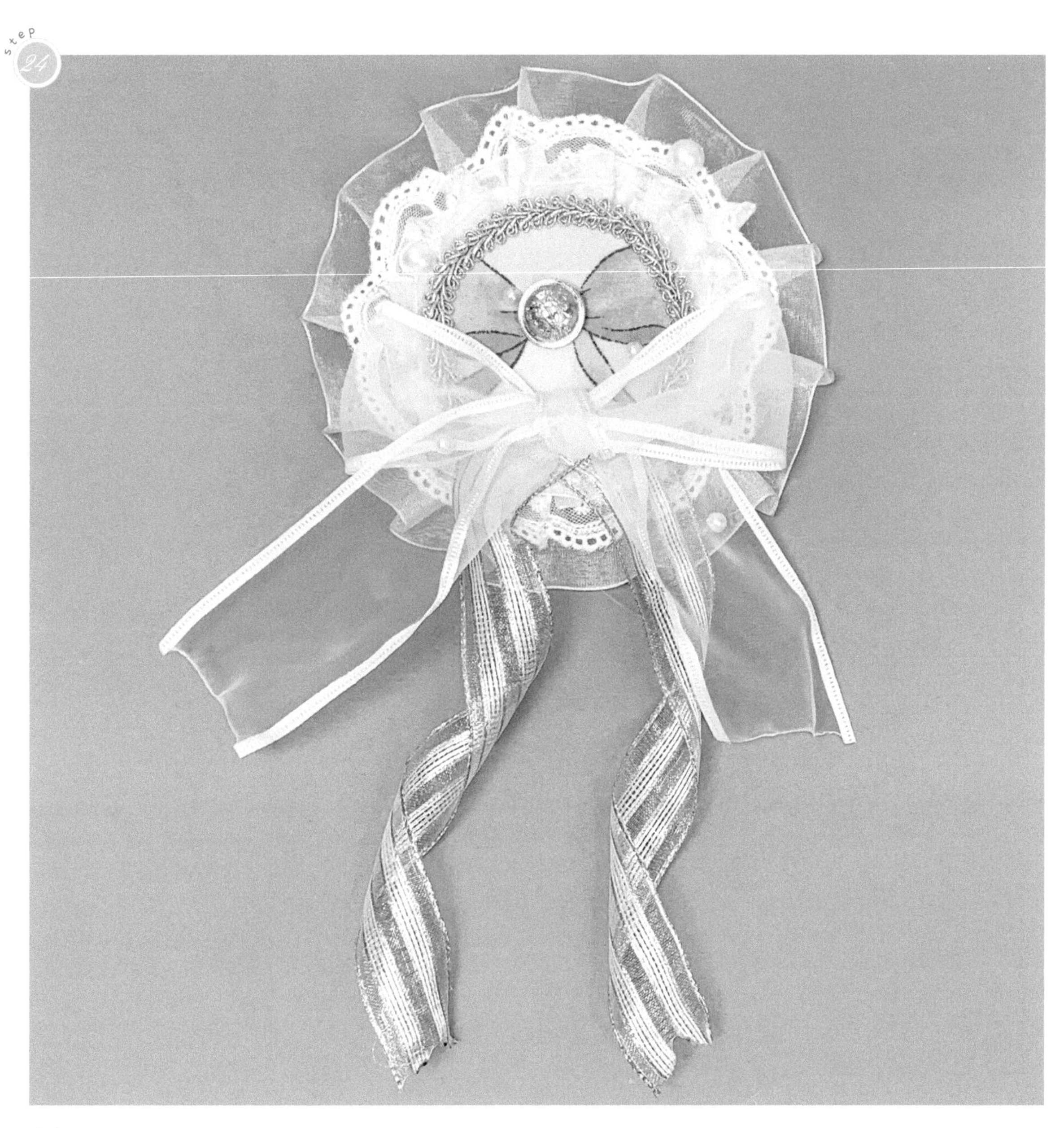

完成。

难度系数 ★★☆

草莓草帽

野餐防晒、夏日必备。

材料与工具

重点技巧：多种蝴蝶结的使用

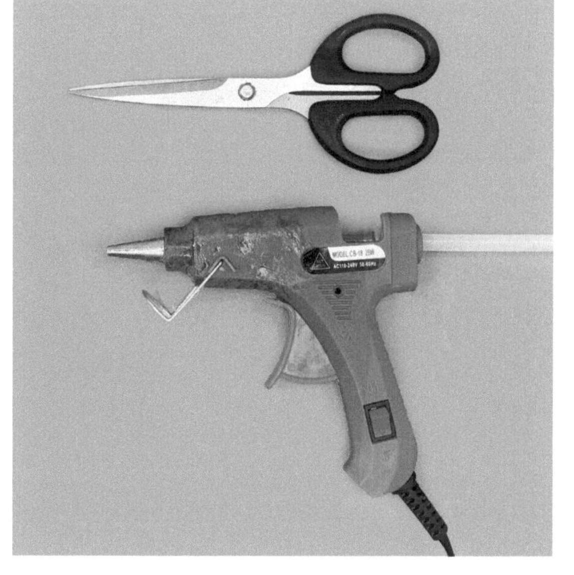

材料：草帽、3.8cm 宽罗纹织带、0.5cm 宽丝带、0.3cm 宽丝带、1.2cm 宽棉质水溶蕾丝、4.5cm 宽单边网纱蕾丝、2cm 宽棉质网纱蕾丝、仿珍珠、草莓装饰。

工具：手工剪、热熔胶枪。

草莓草帽

step 01

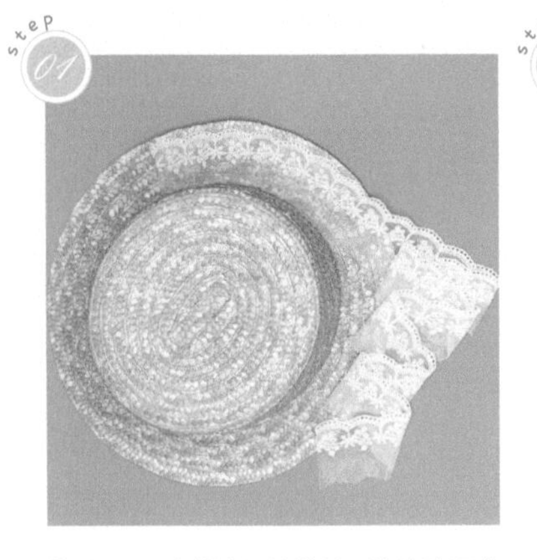

将 4.5cm 宽单边网纱蕾丝用热熔胶沿着帽檐固定。

step 02

蕾丝凸起部分参考上图进行打褶。

step 03

完成的效果如上图所示。

step 04

用 3.8cm 宽织带围帽壁一周，将中间部分折起，扯紧织带不留空隙，并粘好。

step 05

将 1.2cm 宽水溶蕾丝固定在距帽顶中线 2cm 处。

step 06

在对称位置再固定一条，如上图所示。

step 07

用 0.3cm 宽丝带在粘好的蕾丝的空隙中交叉穿绳，穿到合适的位置后粘合固定并修剪掉多余的部分。

step 08

用丝带和蕾丝，参考前文做法，做出图中所示的蝴蝶结备用。

step 09

把最大的蝴蝶结粘在交叉丝带的尾部，遮盖收尾的缝口。

step 10

拿出一个长尾巴的蝴蝶结，把主体粘在帽顶中线一侧的位置，做出不对称效果。

step 11

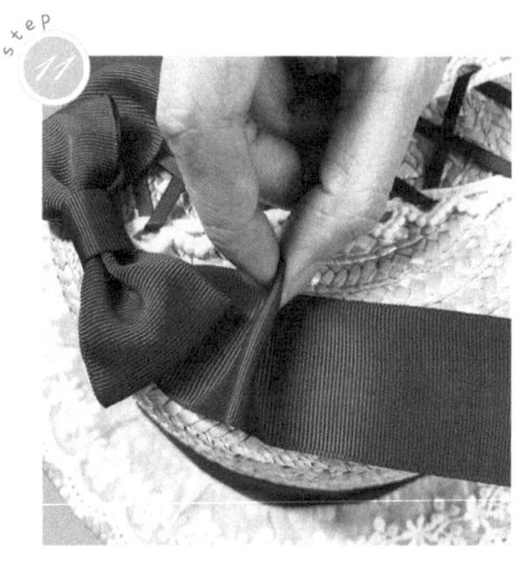

在蝴蝶结尾部进行打褶。

step 12

打褶后粘合到帽子上固定。

step 13

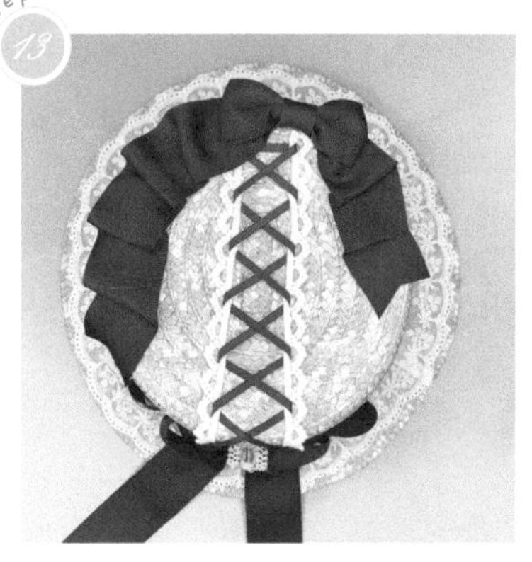

继续打褶固定，形成上图效果。

step 14

用一个较大的蝴蝶结遮挡住织带粘合的部分。

step 15

根据喜好摆上各种大小不一的蝴蝶结和草莓装饰。

step 16

在蓝色点标注处的底部，用一点热熔胶固定一下最大的蝴蝶结的下摆。

step 17

放上一些仿珍珠作点缀，完成。

案例拓展：丝带出现小面积不严重的抽丝时的处理方法

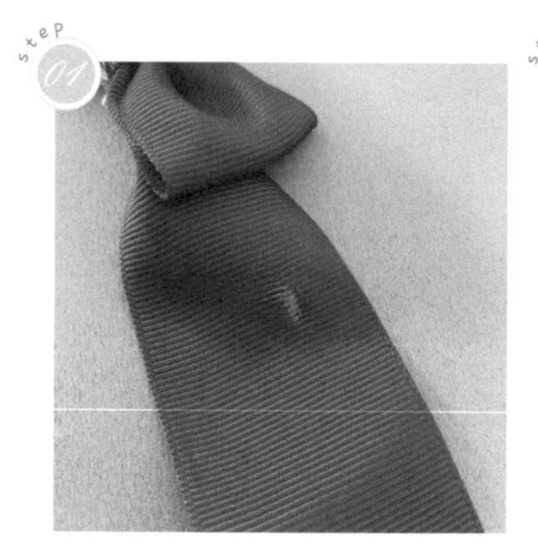

找到抽丝处。

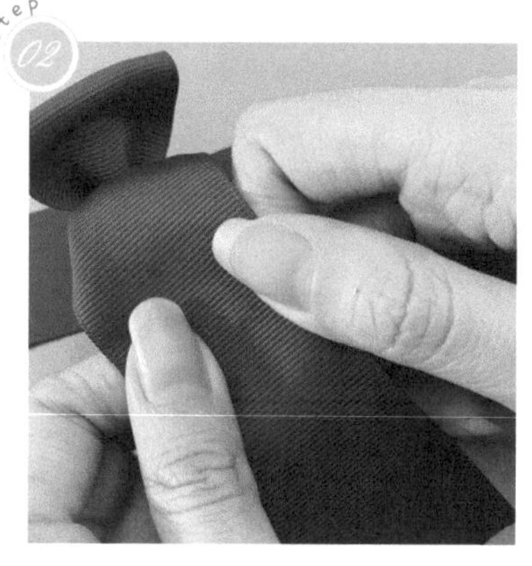

用指甲轻轻刮抽丝处所对应的丝带背面位置。

双手抓紧丝带两侧，斜上斜下抽动。

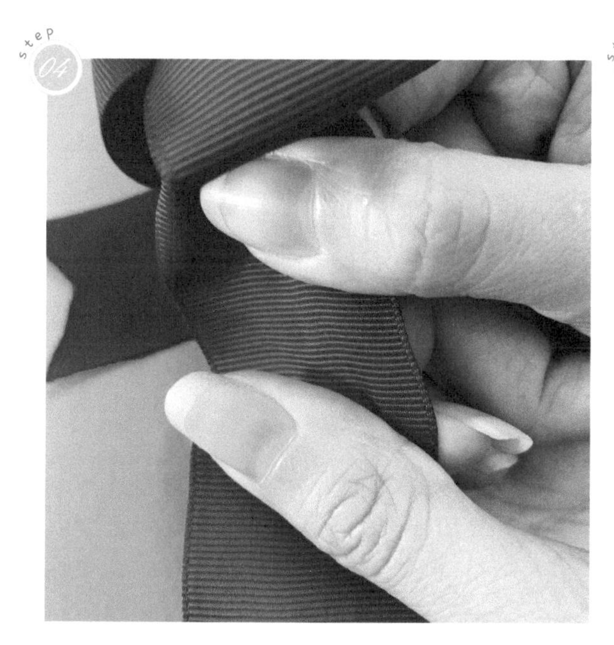

双手抓紧丝带两侧，左右上下抽动几下。

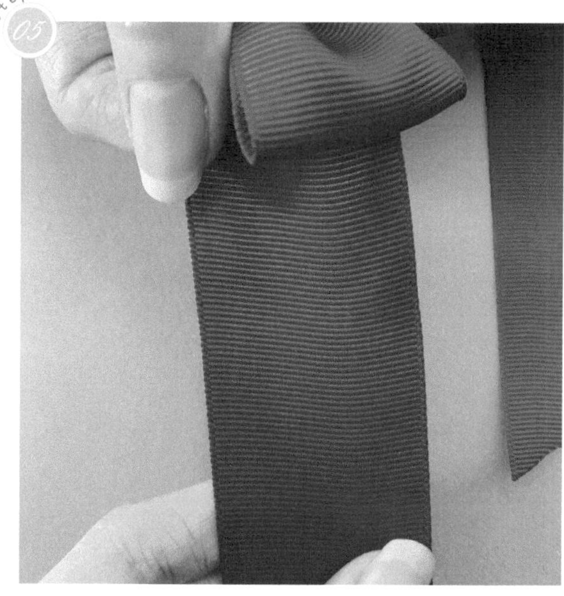

重复操作，直到抽丝变得不明显或消失。

第五章

裙撑

中长鱼骨裙撑

短纱裙撑

难度系数 ★★★☆

中长鱼骨裙撑

小裙子的最佳伴侣。

重点技巧：鱼骨的处理

材料与工具

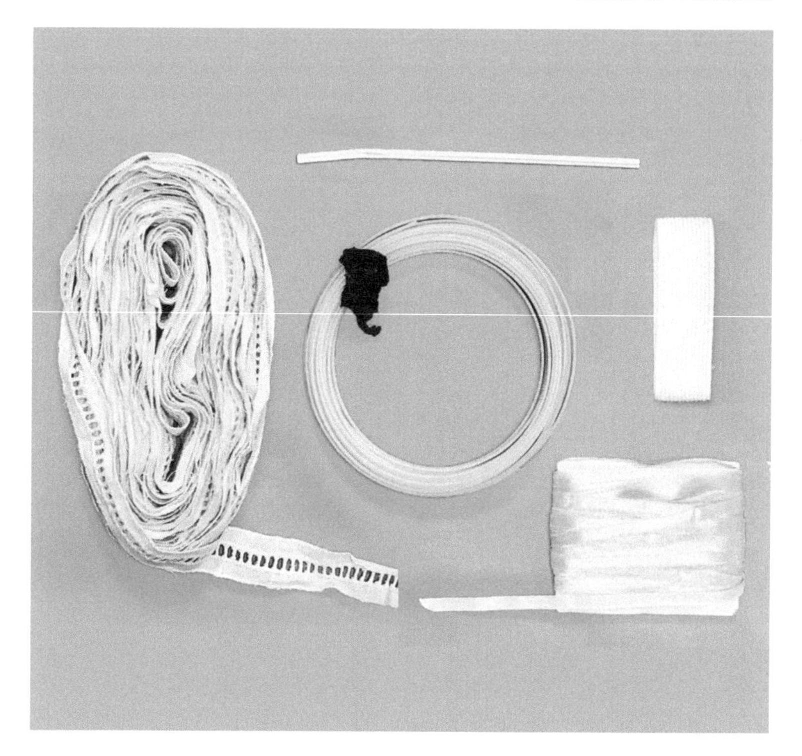

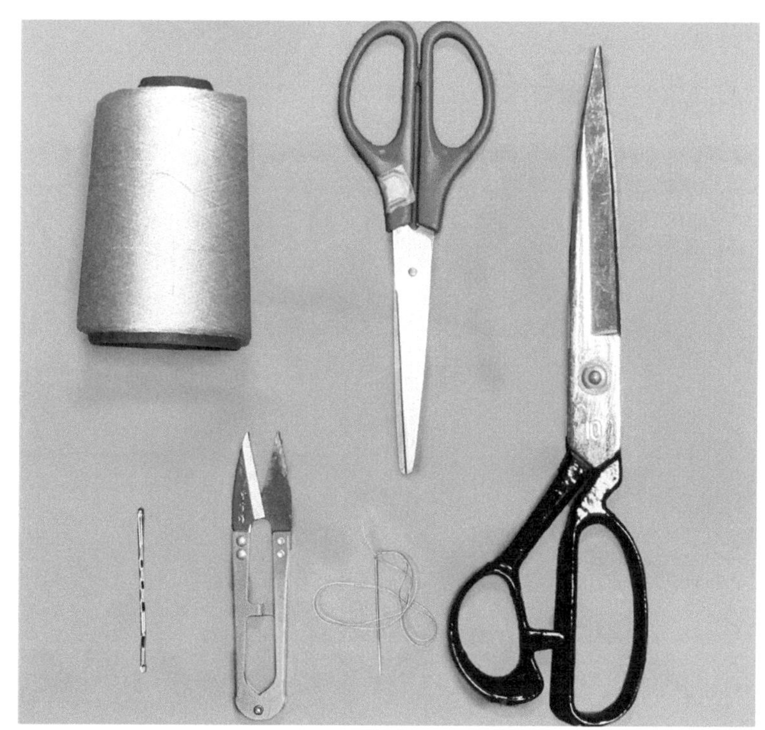

材料：棉质镂空饰带、2cm 宽橡皮筋、吸管、鱼骨、0.5cm 宽丝带。

工具：裁缝剪、针线、手工剪、线剪、发夹。

基础中长鱼骨裙撑

step 01

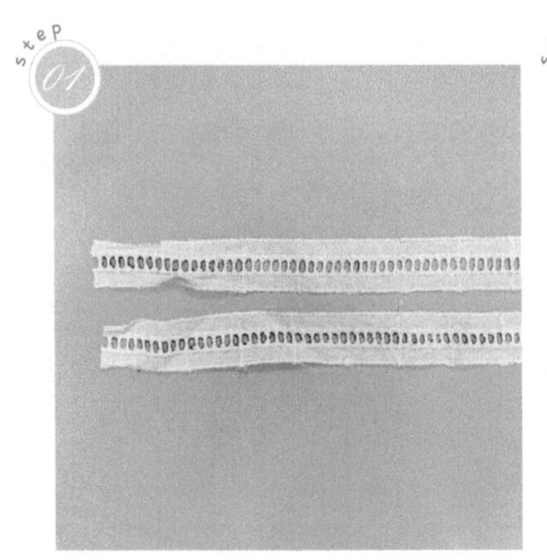

剪两条 152cm 长的饰带。

step 02

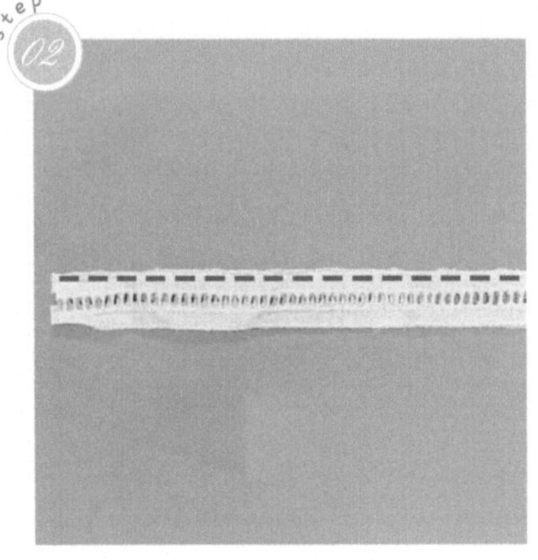

将两条饰带重叠，按图中所示的红色虚线缝合。

step 03

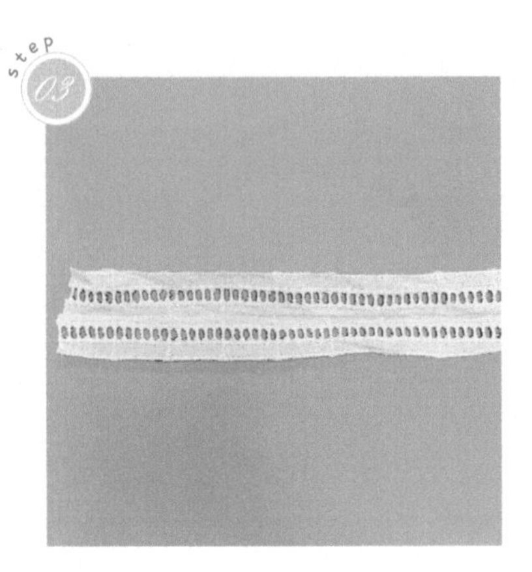

将缝合好的饰带按图示摊开。

step 04

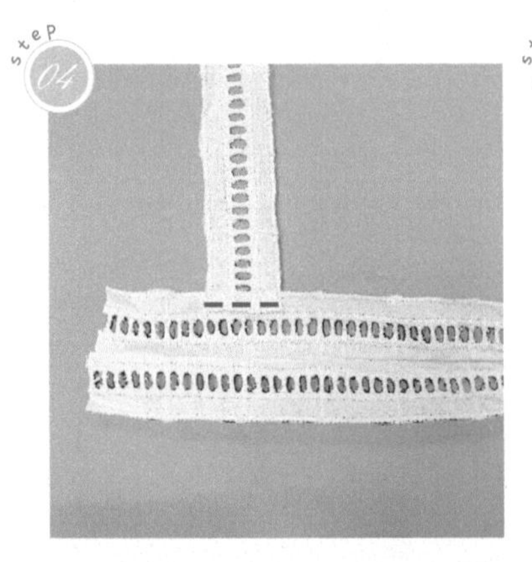

剪 6 条 45cm 长的饰带，按图示间隔 22cm 拼接缝合。

step 05

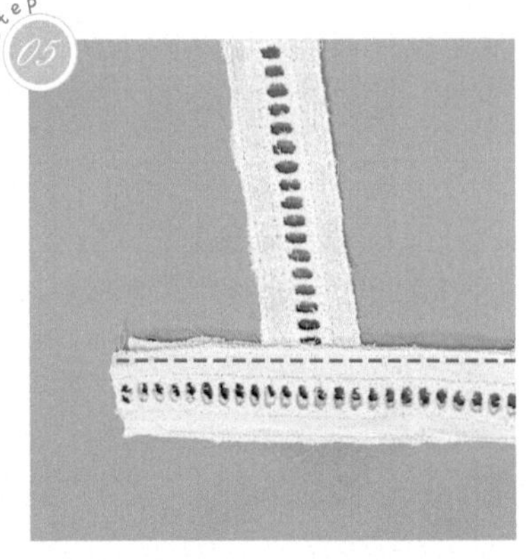

6 条饰带缝好后，将主饰带叠起按红色虚线缝合。

step 06

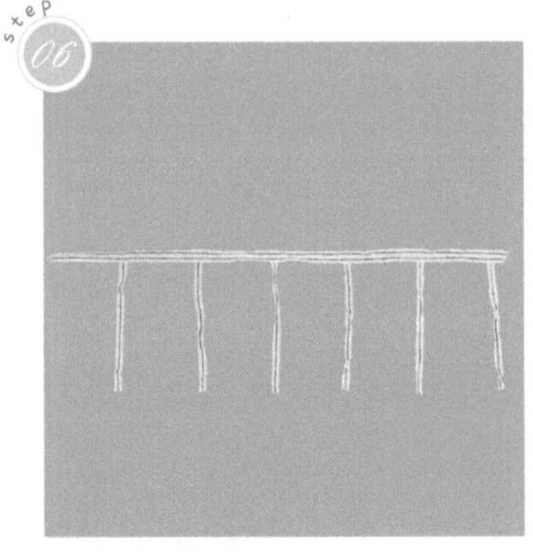

拼接好的饰带如上图所示。

step 07

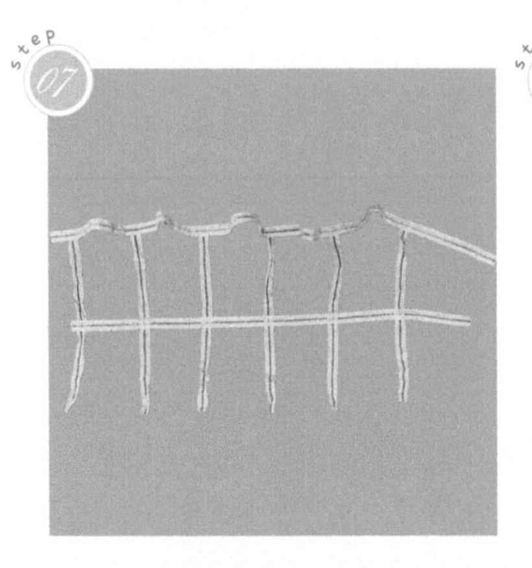

按照步骤 01~03 缝合一条 104cm 长的饰带，并按图示拼接在一起。

step 08

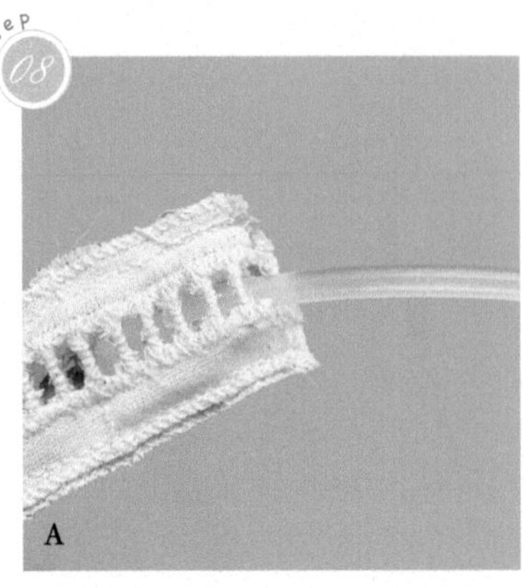

B

将鱼骨按图示穿过饰带，预留大概 5cm 的鱼骨在外。

step 09

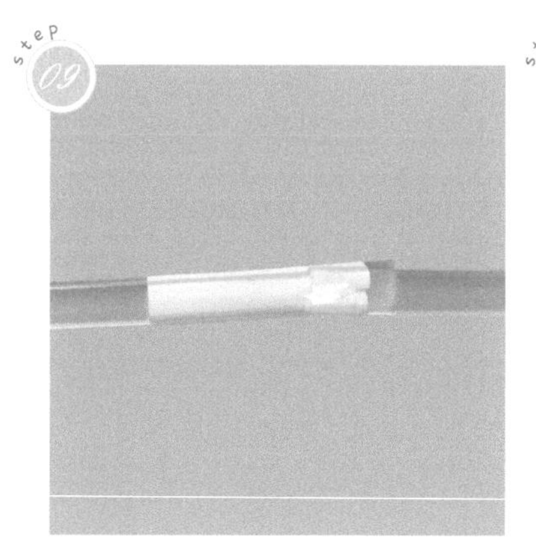

剪一截 3cm 左右的吸管，将鱼骨的头尾分别从左右穿过吸管。

step 10

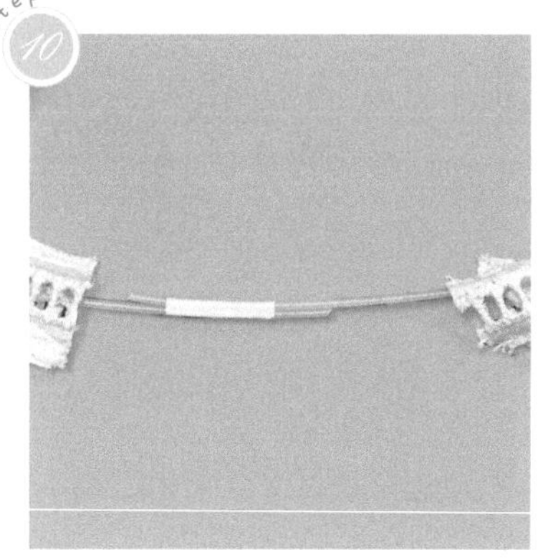

穿过吸管后的鱼骨如上图所示。

step 11

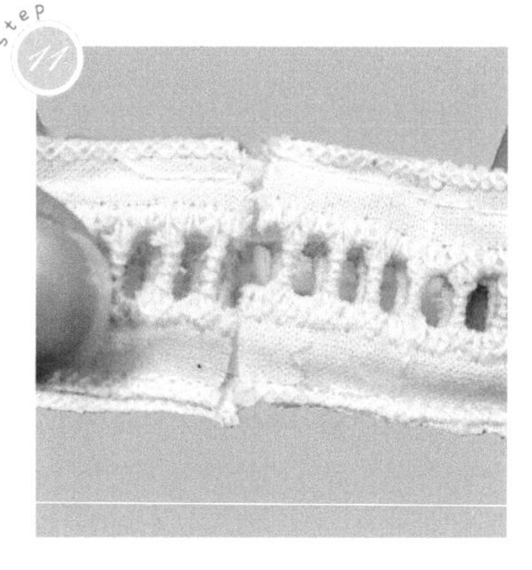

将饰带的头尾相接。

step 12

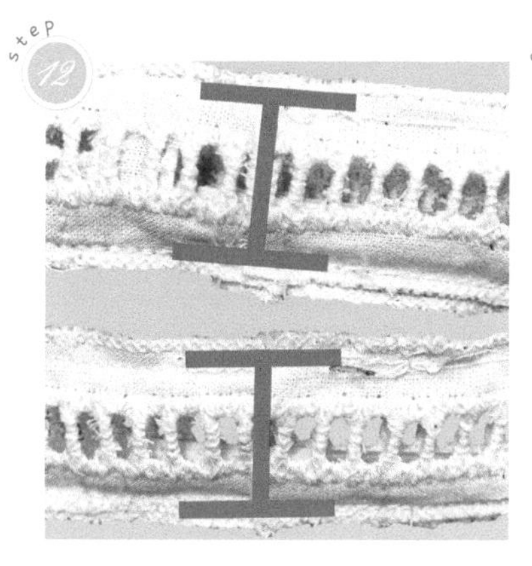

按图示红线缝合固定。

step 13

缝合好的效果如上图所示。

step 14

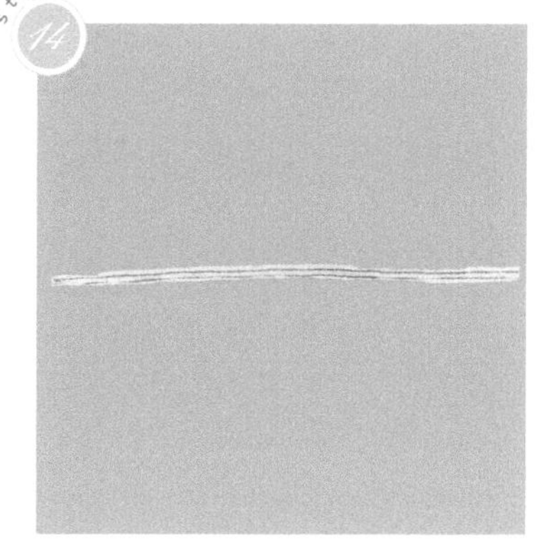

测量自己的腰围，剪一条长度为腰围两倍的饰带，按步骤 01~03 缝合。

step 15

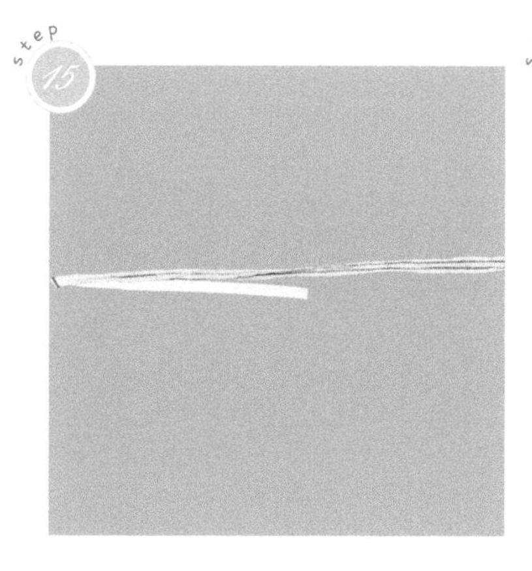

剪一条腰围长度的橡皮筋，将橡皮筋夹在饰带中间缝合。

step 16

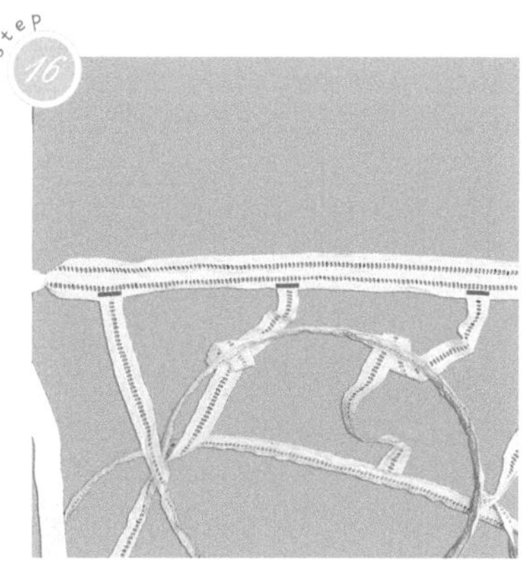

将缝好橡皮筋的饰带按图示与主体缝合。

step 17

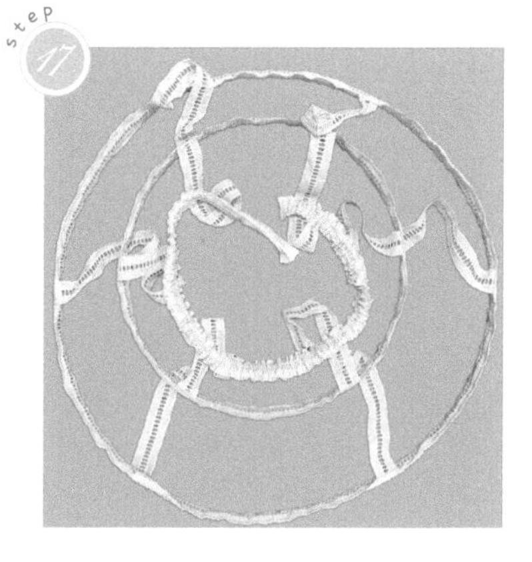

将橡皮筋包在饰带里面缝好，如上图所示。

step 18

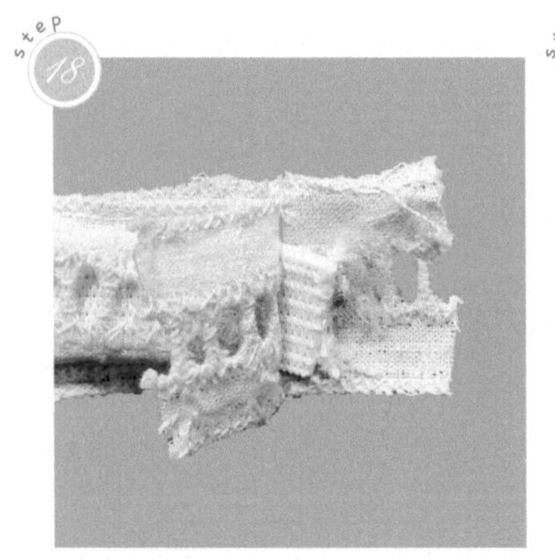

将一端的饰带掀开一边。

step 19

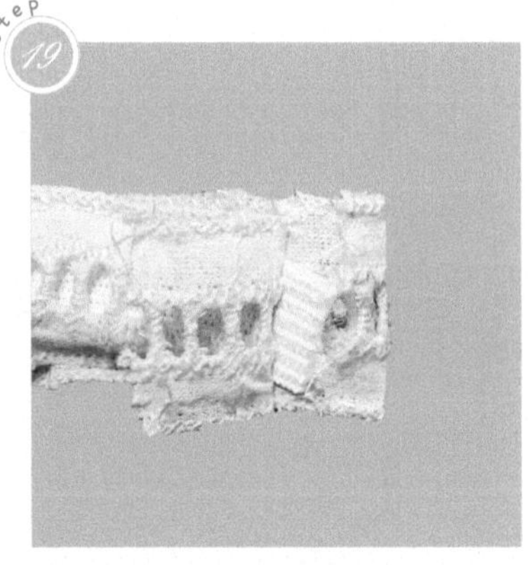

把下面的饰带往里折一下。

step 20

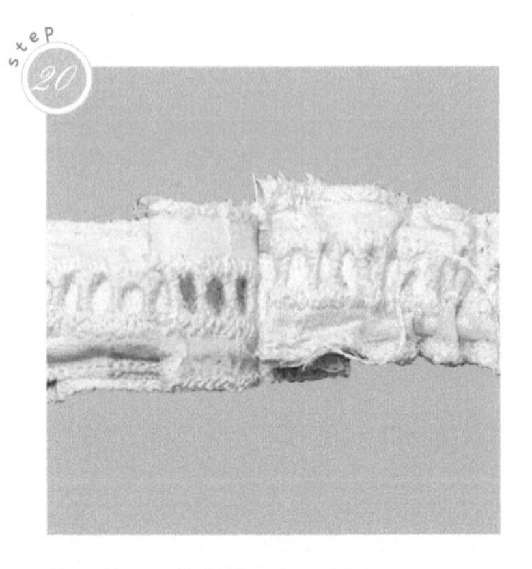

将另外一段饰带搭在橡皮筋上面。

step 21

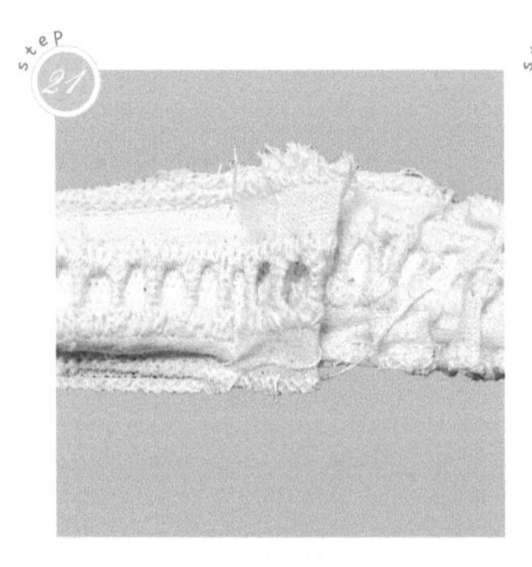

最后将上面的饰带往里折，然后缝合固定。

step 22

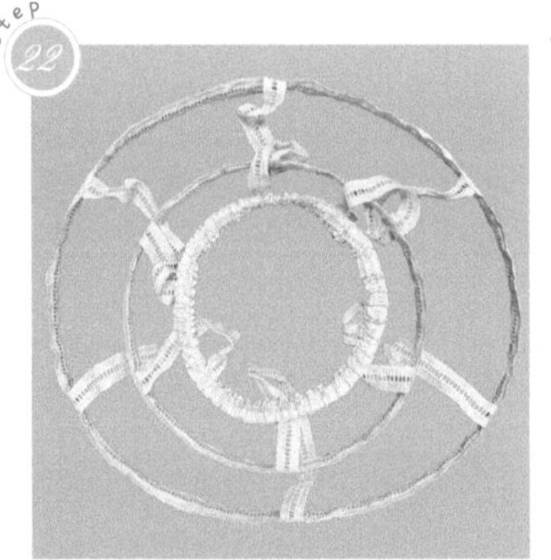

缝合好后的整体效果如上图所示。

step 23

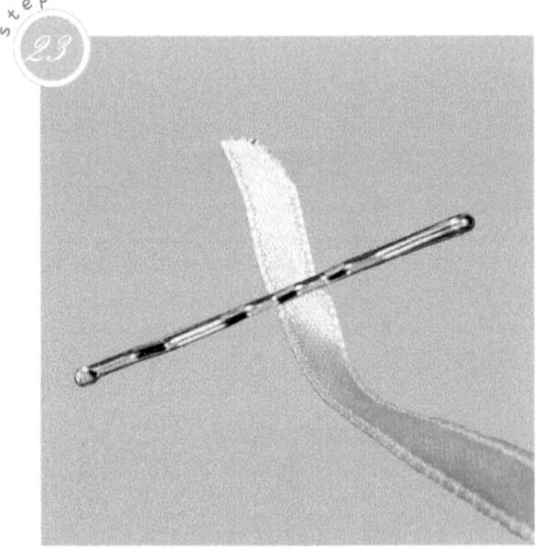

用发夹夹住丝带一端。

step 24

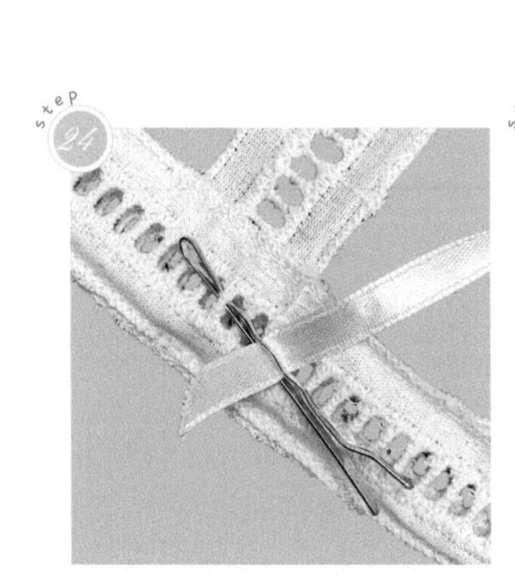

按图示穿过饰带。

step 25

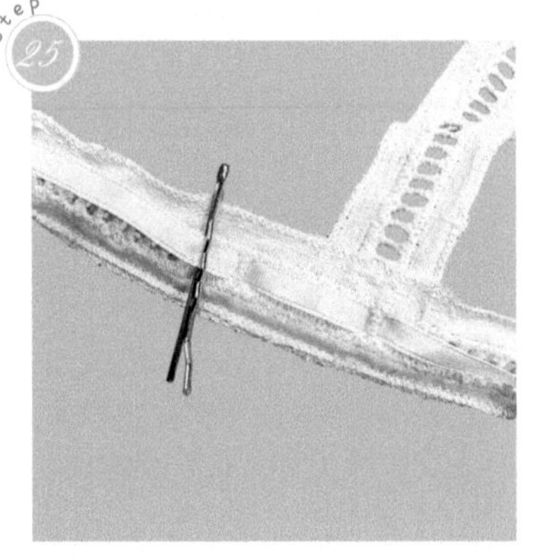

每隔 5cm 左右穿一个节。

step 26

在丝带尾部打上蝴蝶结。

step 27

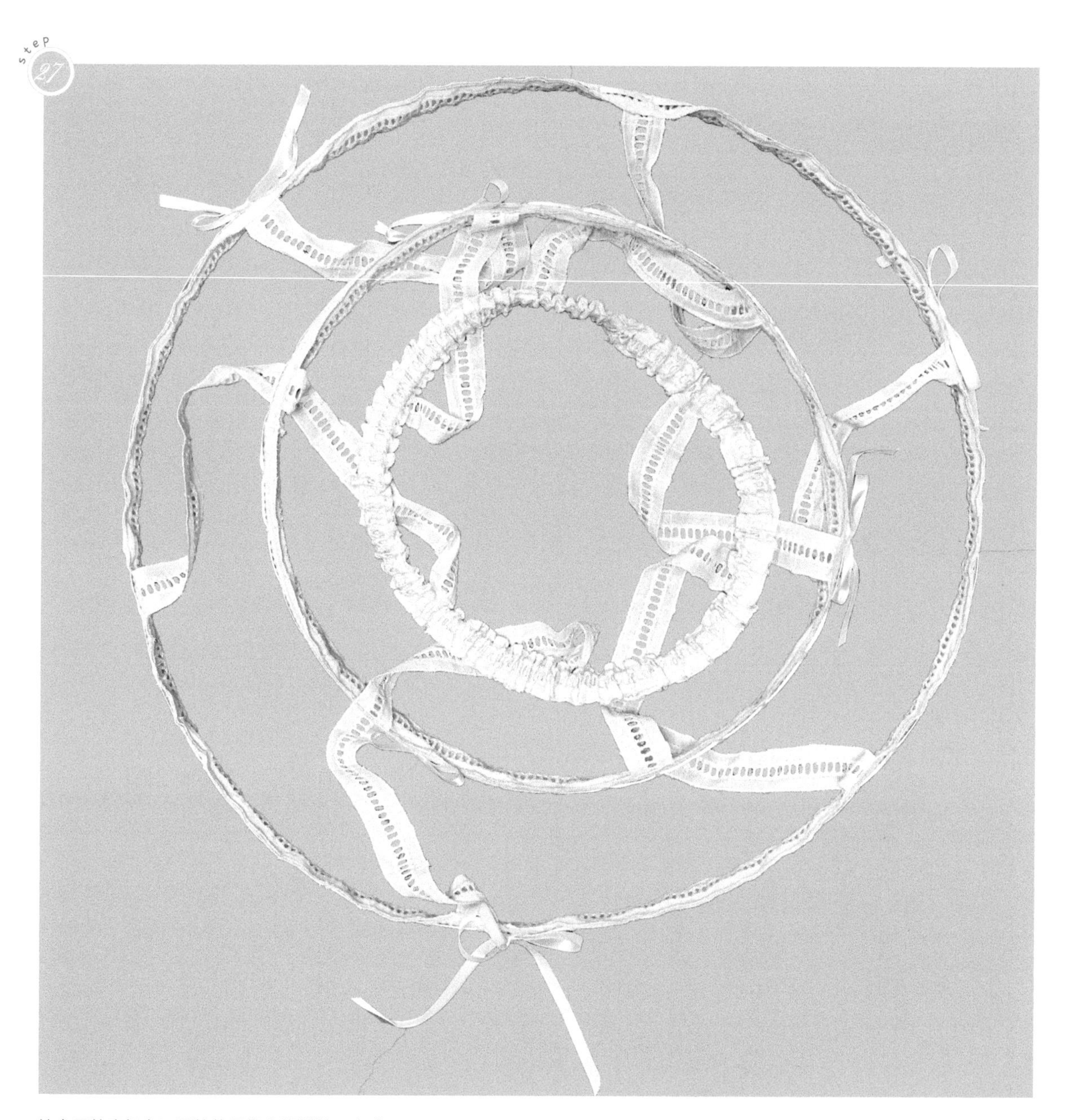

按自己的喜好在不同的位置绑上蝴蝶结，完成。

难度系数 ★★★

短纱裙撑

彰显可爱风格的裙撑。

材料与工具

重点技巧：纱的选择

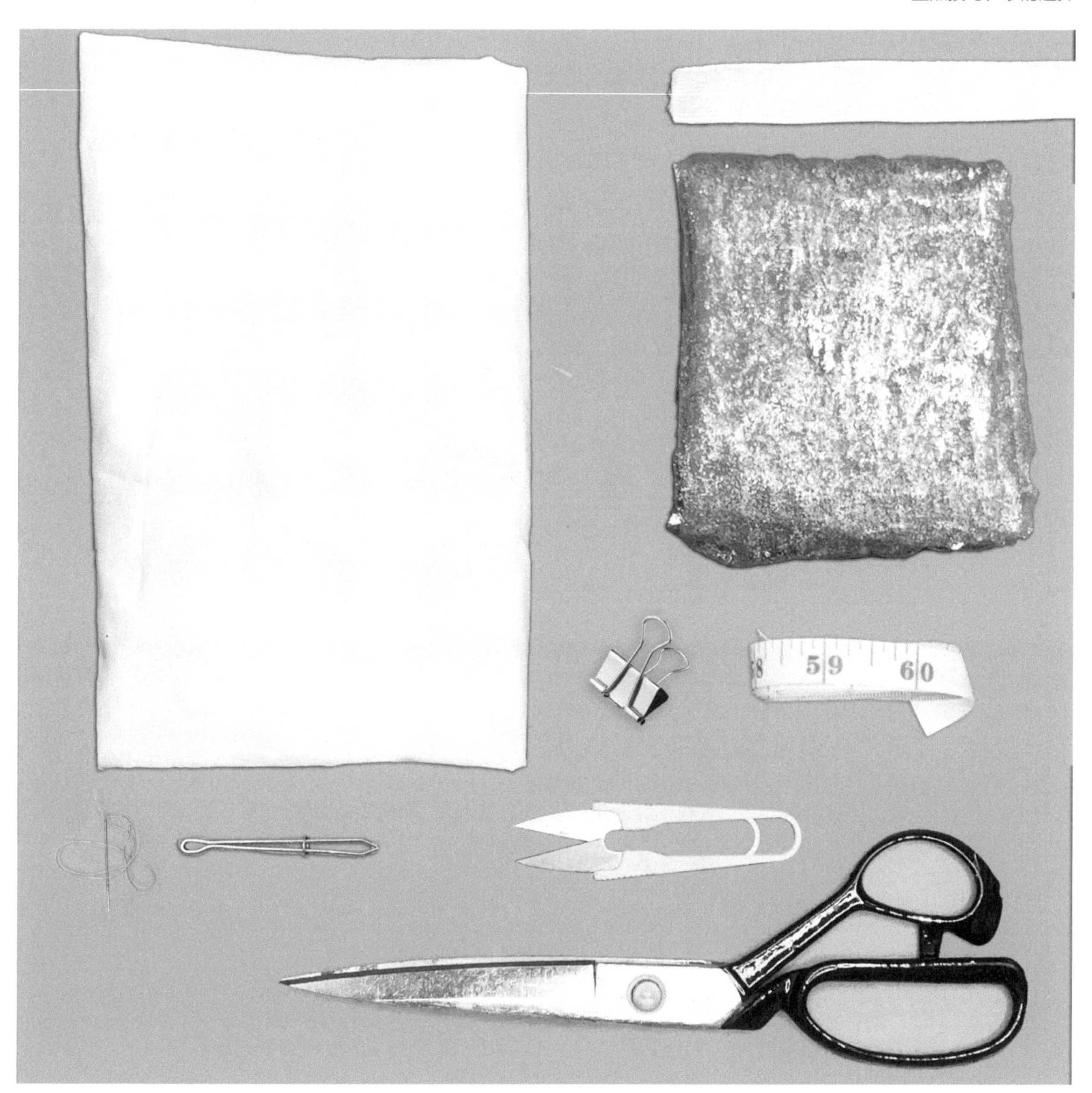

材料：白衬布、2cm 宽橡皮筋、雪纱布。

工具：裁缝剪、针线、穿线器、线剪、软尺。

基础短纱裙撑

step 01

用裁缝剪剪出两块 110cm×40cm 的白衬布，3 块 160cm×60cm 的雪纱布。

step 02

将两块白衬布头尾相接缝合成一个环状长方形。

step 03

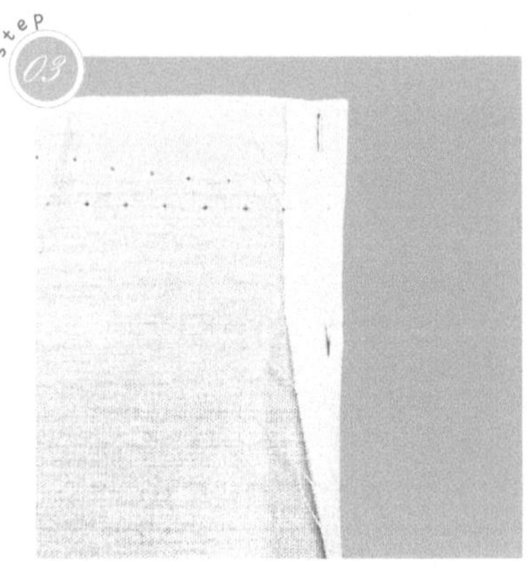

将白衬布的边按图示往内折 1cm。

step 04

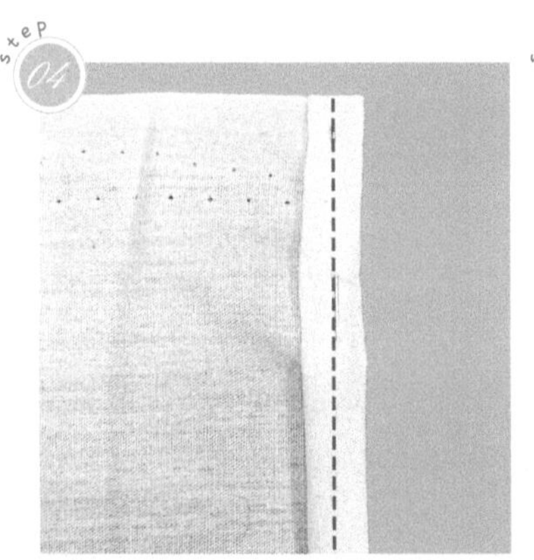

在步骤 03 的基础上再往内折 1cm，按照图示红色虚线缝合固定。

step 05

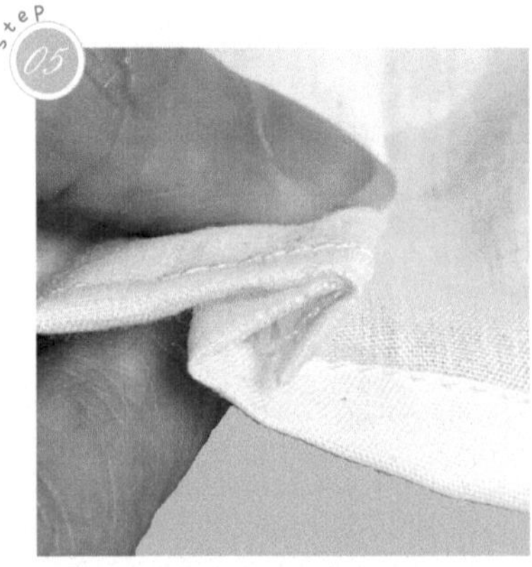

白衬布拼接的方式如上图所示。

step 06

拼接好后的效果如上图所示。

step 07

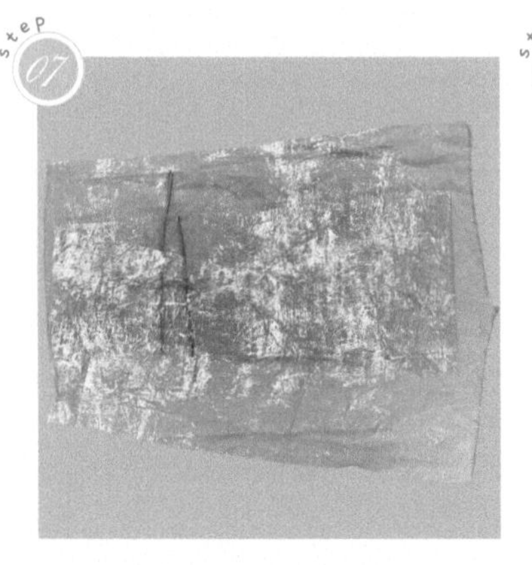

将 3 块雪纱布按步骤 05 拼接好。

step 08

白衬布和雪纱布各自头尾拼接好后的效果如上图所示。

step 09

将衬布套进雪纱布。

step 10

调整雪纱布的褶皱，按图示红色虚线缝合。

step 11

将缝好的布往内折 1cm。

step 12

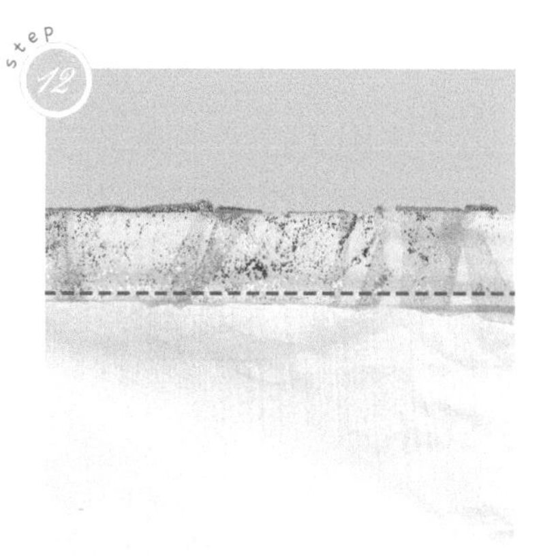

在步骤 11 的基础上再往内翻折 2.5cm，按图示红色虚线缝合，并预留 3~5cm 的口子。

step 13

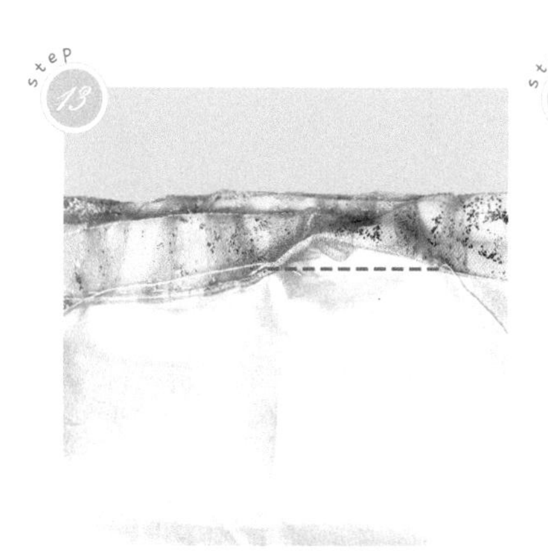

裙头缝合好后预留的口子如上图所示。

step 14

整体效果如上图所示。

step 15

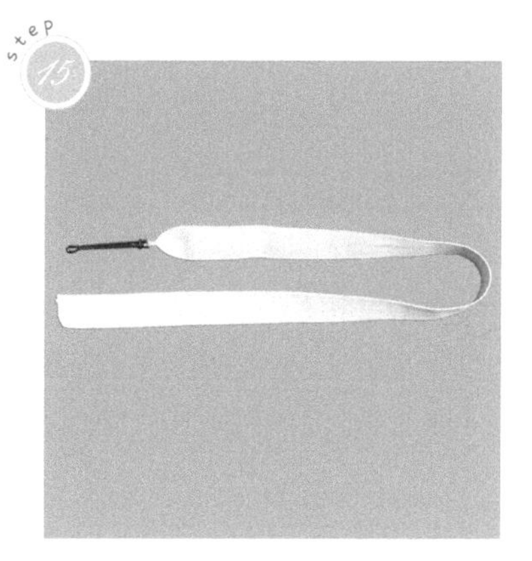

剪一条长度为自己的腰围加 2cm 的橡皮筋，用穿线器夹紧一端。

step 16

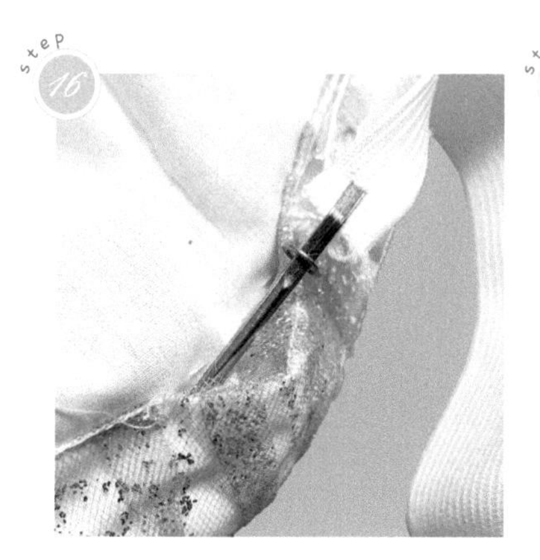

将穿线器穿进预留的口子。

step 17

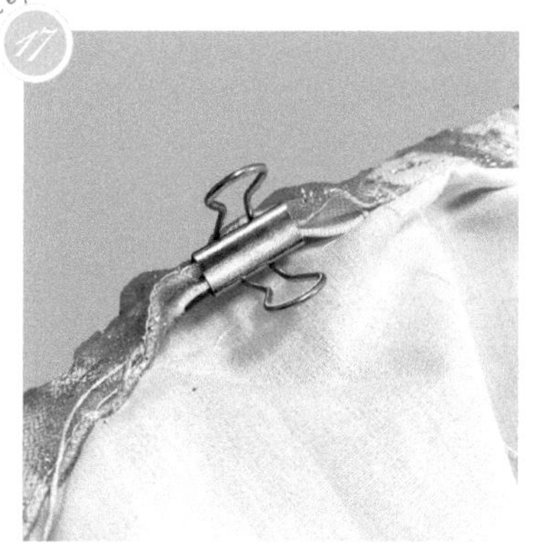

当橡皮筋完全穿进裙头之后，用反尾夹夹住橡皮筋和衬布进行固定。

step 18

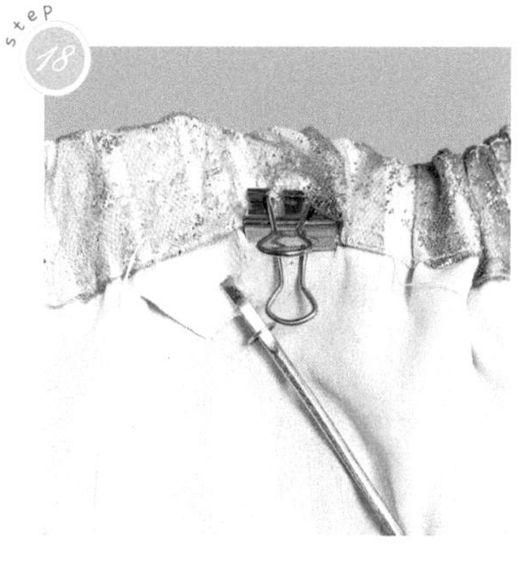

将橡皮筋完全穿过裙头后的效果如上图所示。

step 19

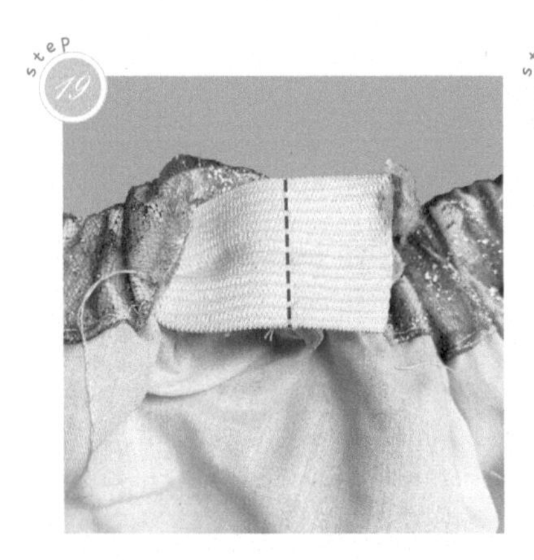

将橡皮筋头尾按图示红色虚线缝合。

step 20

将预留的口子缝合。

step 21

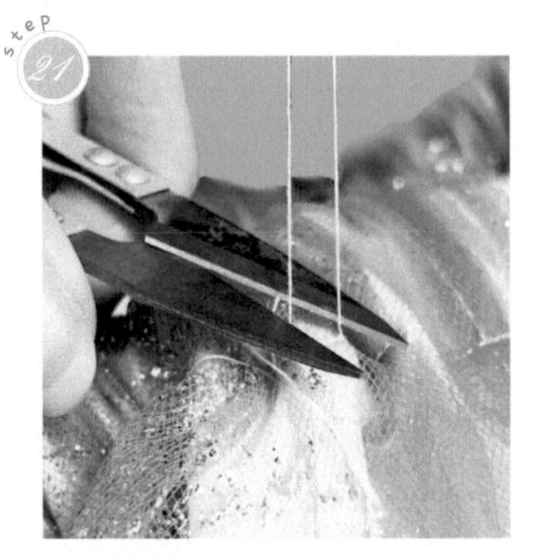

用线剪将多余的线头剪掉。

step 22

完成。